二战兵器图鉴系列

苏维埃之拳

——二战苏军单兵武器装备

第二版

军情视点◎编

化学工业出版社
·北京·

本书在第一版的基础上，精心选取了二战期间苏军的各种单兵武器装备，其中包括步枪、手枪及机枪等，对它们的诞生历史、作战性能和实战表现等方面都有详细的文字介绍，并配有真实的历史图片，读者可以充分了解二战苏军的单兵武器装备的配备与性能。

本书内容翔实、文字精练，精选的一些武器装备也是首度与广大读者见面，相信热爱单兵武器装备的读者会有耳目一新的阅读体验。本书适合军事爱好者阅读并收藏，对广大喜欢军事的青少年亦有裨益。

图书在版编目（CIP）数据

苏维埃之拳：二战苏军单兵武器装备/军情视点编. —2版. 北京：化学工业出版社，2017.10（2023.1重印）
（二战兵器图鉴系列）
ISBN 978-7-122-30539-8

Ⅰ. ①苏… Ⅱ. ①军… Ⅲ. ①第二次世界大战-轻武器-介绍-苏联 Ⅳ. ①E922

中国版本图书馆CIP数据核字（2017）第211784号

责任编辑：徐 娟　　装帧设计：韩 飞
责任校对：边 涛

出版发行：化学工业出版社（北京市东城区青年湖南街13号 邮政编码100011）
印 装：大厂聚鑫印刷有限责任公司
710mm×1000mm 1/16 印张8½ 字数149千字 2023年1月北京第2版第3次印刷

购书咨询：010-64518888　　售后服务：010-64518899
网 址：http://www.cip.com.cn
凡购买本书，如有缺损质量问题，本社销售中心负责调换。

定 价：41.00元

FOREWORD
前言

人类自从有了战争就一直在不断地寻求各种武器。第一次世界大战（后文统称一战）时期，不论是轻武器还是重武器都得到了前所未有的发展。其中，单兵武器的发展历史上不断出现经典的武器产品。

一战时期机枪的出现，让原有的战争模式发生了巨大的变化，双方对攻更讲究战术配合。而第二次世界大战（后文统称二战）期间步枪、突击步枪、狙击步枪的出现，让战争的战术更加丰富，战术配置也更为多样。

作为反法西斯战争中最重要的核心力量之一，苏联的武器装备虽然在科技含量和威力上略有不足，但是其设计水平、武器性能等方面都有自己的独特之处，比如莫辛-纳甘步枪这类历史历久弥新的武器在战争中就发挥了极其重要的作用。在斯大林格勒战役中，苏军的单兵武器在面对当时武器装备先进的德军时，就展现了其巨大的影响力，为整个二战胜利做了巨大的贡献，无愧其“步兵铁拳”的称号。除了普通的武器之外，苏军在二战中也充分发挥了特种单兵武器装备的特点，比如狙击步枪就曾经让德军头痛不已，《兵临城下》这部电影就艺术地再现了当时苏军狙击手在城市作战中的作用。

因篇幅限制，本书第一版尚有部分枪械和非枪械武器未曾收录，第二版对此进行了补充，对每种武器装备的研发生产、构造性能和装备服役等知识都进行了全面的讲解，读者可以深入了解该装备各方面的知识以及在战争中所起到的作用等。除了补充遗漏的武器，第二版还替换了部分图片。通过阅读本书，读者会对二战时期的苏军单兵武器装备有一个全面和系统的认识，并对这场人类历史上最大的战争有一个全新的感悟。本书不仅可以让普通军事爱好者了解二战期间的武器装备，也可以让他们了解一些鲜为人知的武器秘闻。

作为传播军事知识的科普读物，最重要的就是内容的准确性。本书的相关数据资料均来源于国外知名军事媒体和军工企业官方网站等权威途径。在确保准确性的同时，我们还着力增加趣味性和观赏性，尽量做到将复杂的理论知识用简明的语言加以说明，并配上大量精美的图片。因此，本书不仅是广大青少年朋友学习军事知识的不二选择，也是军事爱好者收藏的绝佳对象。

参与本书编写的有丁念阳、黎勇、王安红、邹鲜、李庆、王楷、黄萍、蓝兵、吴璐、阳晓瑜、余凑巧、余快、任梅、樊凡、杨淼淼、卢强、席国忠、席学琼、程小凤、许洪斌、刘健、王勇、黎绍美、刘冬梅、彭光华、邓清梅、何大军、蒋敏、雷洪利、李明连、汪顺敏、夏方平等。在编写过程中，国内多位军事专家对全书内容进行了严格的筛选和审校，使本书更具专业性和权威性，在此一并表示感谢。

由于时间仓促，加之军事资料来源的局限性，书中难免存在疏漏之处，敬请广大读者批评指正。

编者

2017年5月

FOREWORD
第一版前言

人类自从有了战争就一直在不断地寻求各种武器。第一次世界大战（后文统称一战）时期，不论是轻武器还是重武器都得到了前所未有的发展。其中，单兵武器的发展历史上不断出现经典的武器产品。

一战时期机枪的出现，让原有的战争模式发生了巨大的变化，双方对攻更讲究战术配合。而第二次世界大战（后文统称二战）期间步枪、突击步枪、狙击步枪的出现，让战争的战术更加丰富，战术配置也更为丰富。

作为反法西斯战争中最重要的核心力量之一，苏联的武器装备虽然在科技含量和威力上略有不足，但是其设计水平、武器性能等方面都有自己的独特之处，比如莫辛-纳甘步枪这类历久弥新的武器在战争中就发挥了极其重要的作用。在斯大林格勒战役中，苏军的单兵武器在面对当时武器装备先进的德军时，发挥了巨大的作用，为整个二战胜利做出了巨大的贡献，无愧其“步兵铁拳”的称号。

除了普通的武器之外，苏军在二战中也充分发挥了特种单兵武器装备的特点，比如狙击步枪就曾经让德军头痛不已，《兵临城下》这部电影就艺术地再现了当时苏军狙击手在城市作战中的作用。本书主要讲述了苏军单兵武器装备，选取了二战期间苏军的各类武器装备，比如步枪、手枪、机枪、弹药、单兵服饰等，对它们的诞生历史、作战性能和实战表现等方面都有详细的文字介绍，并配有珍贵的历史图片作为佐证，让读者能够充分领略二战期间苏军那些珍贵武器装备的魅力。本书不仅可以让普通军事爱好者了解二战期间的武器装备，也可以让他们了解一些鲜为人知的武器秘闻。

作为传播军事知识的科普读物，最重要的就是内容的准确性。本书的相关数据资料均来源于国外知名军事媒体和军工企业官方网站等权威途径。在确保准确性的同时，我们还着力增加趣味性和观赏性，尽量做到将复杂的理论知识用最简明的语言加以说明，并配上大量精美的图片。因此，本书不仅是广大青少年朋友学习军事知识的不二选择，也是军事爱好者收藏的绝佳对象。

参加本书编写的有丁念阳、黎勇、王安红、邹鲜、李庆、王楷、黄萍、蓝兵、吴璐、阳晓瑜、余凑巧、余快、任梅、樊凡。在编写过程中，国内多位军事专家对全书内容进行了严格的筛选和审校，使本书更具专业性和权威性，在此一并表示感谢。

由于时间仓促，加之军事资料来源的局限性，书中难免存在疏漏之处，敬请广大读者批评指正。

2015年是二战胜利70周年，仅以此套丛书献给为了人类的正义而浴血奋战过的反法西斯英雄们！

编者

2014年7月

CONTENTS

目录

第1章

苏维埃之拳

——二战苏军漫谈

第二次世界大战（以下简称二战）爆发之际，由于当时苏联准备不充分，以及德国的攻击太迅猛，导致前者伤亡惨重。不过，在自身顽强的抵抗和盟军的帮助下，苏联最终在苏德战争中取得胜利。而在胜利的背后，是一望无尽的士兵、武器的残骸。由此可见，战争就是杀戮，尤其是二战，更是一场空前残酷的战争。

1.1 二战苏军兵力概览

战斗中的苏军士兵

1941年6月22日，德国悍然撕毁《苏德互不侵犯条约》，向苏联发动袭击。由于没有充分做好迎战准备，对双方力量对比估计失当，以及战略指导失误等原因，战争初期苏联红军未能阻止德军的进攻。至7月8日，红军89个步兵师、20个坦克师被歼。至11月，德军深入苏联腹地850～1200千米，红军损失约700万人，其中被俘300余万人。为抗击侵略，苏联全国军民奋起进行卫国战争。至1941年7月1日，共有530万人应征参加红军。同年11月，红军共有291个师又94个旅开赴前线，年底，红军新组建400多个师。

苏联士后与T-34坦克

为了应付日益复杂的局势，加强部队的组织领导，红军恢复政委制。为提高各级指挥员的组织指挥能力，解决指挥干部严重缺编问题，苏联加强了战时指挥干部的训练工作。军事院校通过扩大招收学员名额、缩短学制，提高了培训能力。此外，方面军和集团军举办速成训练班，培训大量初级军官。同时，还大批提拔作战有功的士兵充实基层干部队伍。由于采取上述紧急措施，红军的作战能力得到迅速提高。到1941年底，红军终于把德军阻止在莫斯科和列宁格勒（今圣彼得堡）接近地，并为转入反攻创造了条件。在莫斯科会战的第二、第三阶段，红军消灭德军

1941年受阅的苏联红军

50余万人，使德国在二战中首次遭到失败，希特勒的“闪击战”计划彻底破产。

㊉二战期间莫斯科外的街道

1942年，德军在苏德战场南翼发动进攻，企图夺取高加索石油产地和顿河、库班河一带产粮区。为阻止德军进攻，红军继续扩充力量，至1942年夏，总兵力达1000余万人（其中作战部队550余万）。在斯大林格勒会战中，红军给德军以沉重打击，夺取战略主动权。这一胜利扭转了苏德战场的局势，成为苏德战争的转折点。

㊉行进中的苏军坦克编队

随着战时国防工业的迅速发展，1943年，红军在军事技术装备方面取得了对德军的优势。当时，红军作战部队已拥有火炮和迫击炮10万余门，坦克和自行火炮1万余辆，作战飞机1万余架。同年底，红军已有5个坦克集团军、24个坦克军和13个机械化军。航空兵师、军和空军集团军也进一步扩编。在1943年夏秋战局中，德军统帅部企图夺取库尔斯克突出部，以扭转不利态势，但红军在库尔斯克会战中给德军以歼灭性打击，完全掌握了战争主动权。1944年，红军在列宁格勒、克里木、第聂伯河右岸乌克兰、白俄罗斯、摩尔达维亚、波罗的海沿岸和北极地区连续发动一系列大规模战略性进攻战役，把德军赶出苏联国土。

随着战争的深入，苏联红军越战越强，至1945年初，拥有作战部队等940万人，火炮和迫击炮14万余门、坦克和自行火炮1.5万余辆、作战飞机2.2万余架。这支英雄的军队不给德军以喘息时间，在解放本国领土之后又不停顿地发起一系列战略性进攻战役，帮助东欧和东南欧各国人民从德国法西斯的

㊉苏军飞行员与战斗机

⊕ 被敌军击中的苏军坦克

占领下解放出来。1945年4月，红军发起柏林战役，歼灭德军近百万人，彻底捣毁希特勒老巢。

另外值得一提的是，在苏德战争前夕，苏联红军、海军、边防内务部队总数共计490.18万人。战争期间先后有2957.49万人被动员入伍，在战争年代参军人数总计为3447.67万人，这个数字相当于苏联战后人口的五分之一，几乎是工业化国家动员能力的极限。在战争中，苏军共有632.96万人阵亡，死于疾病的苏军有55.55万人，因各种原因失踪的苏军人数为505.9万人。

1.2 二战苏军单兵武器装备概述

1.2.1 著名轻武器制造商

兵工厂作为军队的动力之源，虽然不如名将、强军和经典武器那般惹人注目，但它们对战争的影响却是无比巨大的。这些推动了战争进程的企业之中，不乏德国毛瑟公司这种众所周知的军工巨头，也有不少像美国福特、奔驰和宝马这种出人意料的“兼职”公司。而苏联在二战中也拥有众多兵工厂，其中有两个最重要，一个是伊热夫斯克兵工厂，主要负责轻武器；另一个是斯大林格勒拖拉机厂，主要负责战车的制造。

1.2.1.1 伊热夫斯克兵工厂

全称：伊热夫斯克兵工厂

成立时间：1760年
总部地点：伊热夫斯克
战时产品：SVT-40半自动步枪、莫辛-纳甘步枪

伊热夫斯克兵工厂是苏俄最古老的军工企业之一，至今已有200多年的历史。二战时期，伊热夫斯克兵工厂是苏军武器最大的供应商之一。战后，该兵工厂还生产了大名鼎鼎的AK-47突击步枪。

早期的伊热夫斯克兵工厂的厂房内部

二战爆发后，伊热夫斯克兵工厂的惊人生产能力发挥得淋漓尽致。从1941年开始到战争结束，伊热夫斯克兵工厂生产了约1.3亿支步枪和卡宾枪，比德国所有军工厂的产量还高。这些枪支不断地被运往前线，为苏德战争的胜利做出了卓越贡献。除此之外，伊热夫斯克兵工厂还曾大规模生产反坦克枪、航空机枪、航空机关炮和手枪等武器。

绘画作品中的20世纪初叶伊热夫斯克兵工厂

在战争中，由于德军逼近了莫斯科以南的图拉市，苏联政府匆忙决定将图拉兵工厂向内地转移。战后，汲取两次世界大战的经验，苏联政府决定将伊热夫斯克市作为最大的轻武器生产基地。图拉兵工厂虽然得到重建，但未能恢复曾经的霸主地位，轻武器的生产开发中心随之转移到伊热夫斯克兵工厂。

1947年，伊热夫斯克兵工厂迎来了AK-47突击步枪的发明者米哈伊尔·卡拉什尼科夫，开始生产AK-47突击步枪。在其后的数十年间，卡拉什尼科

米哈伊尔·卡拉什尼科夫与AK-47突击步枪

夫一直在伊热夫斯克军工厂工作，为苏联贡献了上百个轻武器设计方案，直到20世纪90年代退休。

1.2.1.2 斯大林格勒拖拉机厂

全称：斯大林格勒拖拉机厂
成立时间：1930年
总部地点：斯大林格勒
战时产品：T-34中型坦克

斯大林格勒拖拉机厂生产坦克

斯大林格勒拖拉机厂曾是苏联最大的拖拉机厂，在二战期间为苏军生产了大量坦克和牵引车等装备，其产量甚至比专业坦克制造厂还高。在战况危急时，该厂的工人甚至直接开着刚出厂的坦克参战，为斯大林格勒战役的胜利做出了巨大贡献。

斯大林格勒拖拉机厂又称为捷尔任斯基拖拉机厂，以纪念苏联克格勃的前身、全俄肃反委员会的创始人——费利克斯·埃德蒙多维奇·捷尔任斯基。该厂的主要生产设备都在美国制造，约有80家美国厂商参与生产。该厂作为当时苏联最大的拖拉机厂，每年生产的拖拉机占全国产量的一半以上。

被炸为废墟的工厂

1941年6月22日，德国军队突袭苏联，一周内苏军损失兵力100万人以上，西部工业区全部沦陷。希特勒曾声称要在莫斯科红场举行庆祝仪式，但他这个如意算盘很快就被打破了，因为德国军队遇到了一块硬骨头——斯大林格勒。

斯大林格勒原名察里津，后来改称伏尔加格勒，位于伏尔加河下游西岸，二战爆发前约有60万居民。它是伏尔加河上的重要港口，又是苏联南方的一个铁路交通枢纽和重要工业城市，城内的拖拉机厂是战时苏联最重要的兵工厂之一。斯大林格勒以西、以南是广阔富饶的顿河下游流域、库班河流域和高加索地区，是苏联粮食、石油和煤炭的重要产区。德军占领乌克兰后，斯大林格勒成为苏联中央地区通往南方重要经济区域的唯一交通咽喉，战略位置极为重要。如果德军占领这一地区，苏联就会失去战争所需要的石油、粮食和重要的工业基础。

1.2.2 著名轻武器设计师

欧洲大陆战火纷飞，促使一款又一款先进武器应运而生，因此，从某种角度上来说，它是先进武器的发源地。不论是英国的马克沁机枪，还是德国毛瑟步枪，都代表着该国某一时代武器的巅峰。同样，二战爆发后，苏联为增强军队的战斗力，在武器上投入了大量资金、人力，这些都为其在苏德战争中取得胜利做出了巨大贡献。在胜利的背后，不可遗忘的是那些武器设计师。下面对苏联最著名的两名轻武器设计师费德尔·瓦西里耶维奇·托卡列夫和瓦西里·捷格加廖夫进行简要的介绍。

费德尔·瓦西里耶维奇·托卡列夫

费德尔·瓦西里耶维奇·托卡列夫纪念雕像

费德尔·瓦西里耶维奇·托卡列夫（Fedor Vasilievich Tokarev），1877年6月14日出生于罗斯托夫州，是苏联枪械设计师、技术科学博士。1900年，托卡列夫在俄罗斯沙皇军队中任军械主任，1907年在奥拉宁包姆步兵军官学校训练班学习时，开始从事设计工作。1908～1914年，托卡列夫在谢斯特罗列茨克兵工厂一面继续进行着莫辛-纳甘步枪的改进工作，一面自行研制多种新式自动步枪。一战时，他被征召入军，在部队服役，1916年又重返兵工厂继续从事研究工作。十月革命后，托卡列夫就职于图拉兵工厂。1927年，他研制出使用左轮手枪弹的第一支苏联冲锋枪，之后，于1930年起先后设计了TT半自动手枪、SVT-40步枪等。上述枪械大量装备于苏军，并在苏德战争中得到了广泛应用。

瓦西里·捷格加廖夫（Vasily Degtyaryov），1880年1月2日出生在图拉，1901年应征入伍。起先，他在罗蒙诺索夫一所步兵军官学校的军械库车间做工。从1905年开始，他以技师身份在车间担任武器射程调整技术工作。这期间，捷格加廖夫积累了许多枪械设计经验，并开始独自进行步枪的设计。1916年，他的步枪研制工作取得圆满成功，此枪遂被命名为M1916步枪。从1928年起，凭借扎实的设计技术，以及丰富的设计理念，捷格加廖夫先后为苏联军队研制了众多武器，其中包括大名鼎鼎的DP轻机枪。此外，他也参与了很多枪械的改进，例如PPD冲锋枪。二战结束后，捷格加廖夫于1949年1月16日逝世，被葬于科夫罗夫的圣约翰军事公墓。当年捷格加廖夫在科夫罗夫的住所现如今变成了一个博物馆。

瓦西里·捷格加廖夫

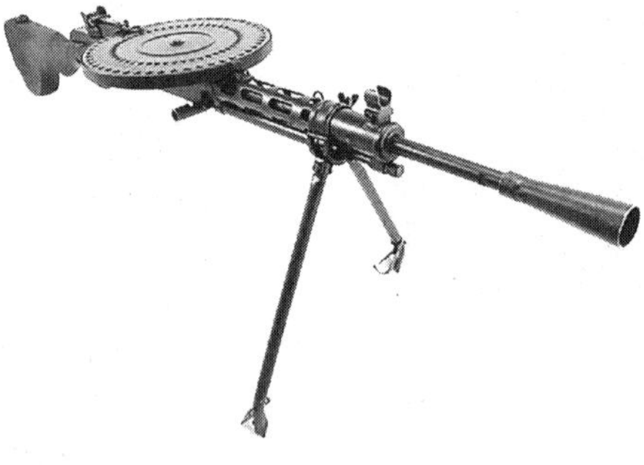

DP轻机枪

第2章

胜战利器

——枪械和弹药

德国入侵苏联后，由于后者准备不充分，导致在战争初期武器装备以及其他各种军需武器匮乏。不过，在自身的努力和美、英等盟国的帮助下，苏联逐步走出困境。在武器尤其是轻武器方面，苏联根据自身所需打造了不少实用的枪械，这些都为战争的胜利打下了扎实的基础。下面，我们将带您走近二战中的苏联，体会子弹从头顶掠过的惊心动魄的感受。

2.1 步枪

莫辛-纳甘步枪

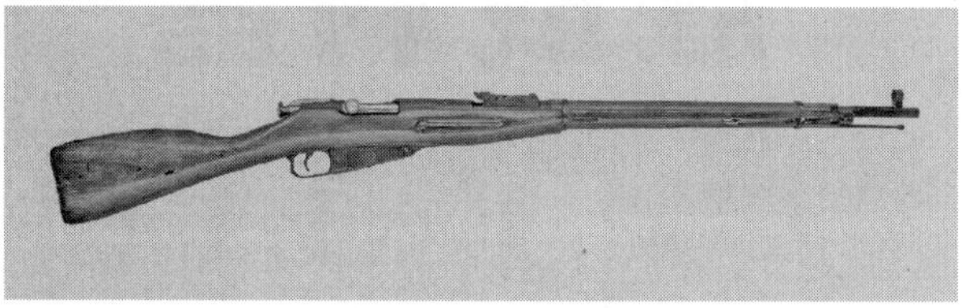

口径	7.62毫米	弹容量	5发
全长	1232毫米	枪口初速	865米/秒
枪管长	730毫米	最大射速	450发/分
重量	4千克	有效射程	800米

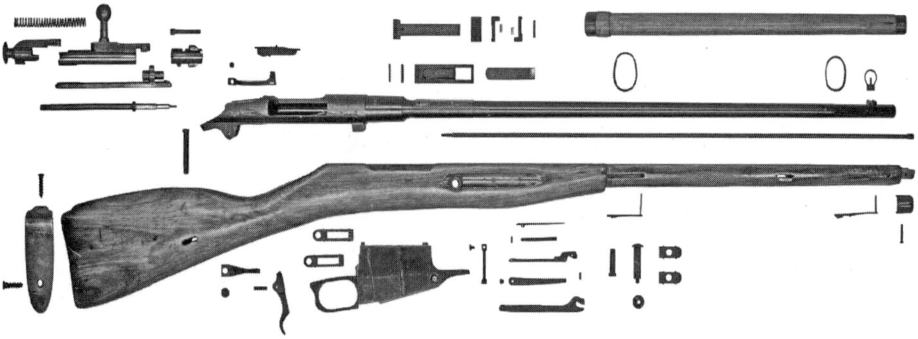

↑莫辛-纳甘步枪分解图

莫辛-纳甘步枪是一款手动步枪，诞生于俄国沙皇时期（1721～1917年），在二战期间曾是苏联步兵的标志性武器，型号众多，其中还包括狙击版。

研发与生产

19世纪80年代末期，俄土战争（俄国与奥斯曼土耳其帝国之间为争夺高加索、巴尔干等进行的一系列战争）让俄国认识到，己方军队所装备的步枪已经显得落后，因此开始向外界招标新式步枪。之后，俄国陆军上尉谢尔盖·伊凡诺维奇·莫辛与比利时枪械设计师李昂·纳甘分别提交了自己的设计方案。这两者各有所长，让俄国军方难以取舍。综合考虑之后，俄国要求本土兵工厂集合莫辛与纳甘设计的优点，最终打造出了莫辛-纳甘M1891步枪。

沙皇军队与莫辛－纳甘M1891步枪

莫辛（左）与李昂·纳甘（右）

⊕ 莫辛－纳甘M1891/30步枪

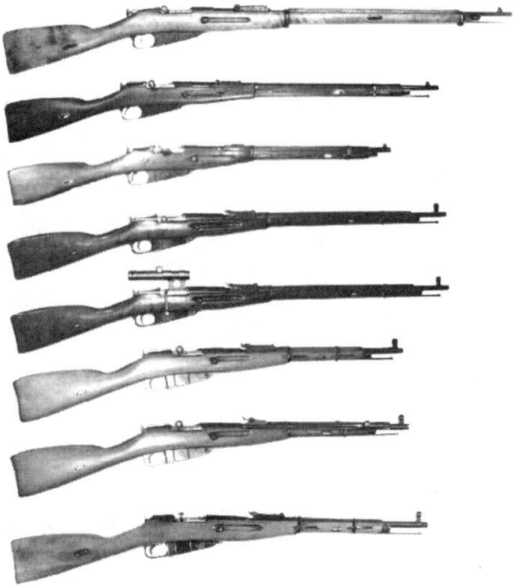

⊕ 不同时期的莫辛－纳甘步枪（最上为M1891型）

⊕ 俄国士兵使用莫辛－纳甘M1891步枪进行操练

俄国士兵与莫辛－纳甘M1891步枪

装备莫辛－纳甘M1891步枪的俄国军队

1891年，莫辛-纳甘步枪投入生产，由图拉、伊热夫斯克等数家兵工厂负责。1893年，为满足战场所需，莫辛-纳甘步枪开始大批量生产，随即在日俄战争中大显身手。第一次世界大战（以下简称一战）爆发后，由于俄国扩充军队且生产能力有限，导致莫辛-纳甘步枪数量无法满足需求，于是俄国曾先后委托法国、美国的兵工厂帮助生产。

战争中的莫辛－纳甘M1891步枪

军械库中的莫辛－纳甘M1891步枪

⊕ 苏军士兵与莫辛－纳甘M1891/30步枪

⊕ 苏军士兵使用莫辛－纳甘M1891/30步枪进行战斗

20世纪20年代初期，苏联对莫辛-纳甘步枪进行了多次改进，1930年，它进行了一次最大改进，并命名为M1891/30型步枪。这款型号的莫辛-纳甘步枪在二战爆发后成为苏军主力武器。二战后期，莫辛-纳甘M1891/30步枪显得过时了，但由于数量巨大，所以仍大量装备苏军。1948年，莫辛-纳甘M1891/30步枪在苏联全面停产。

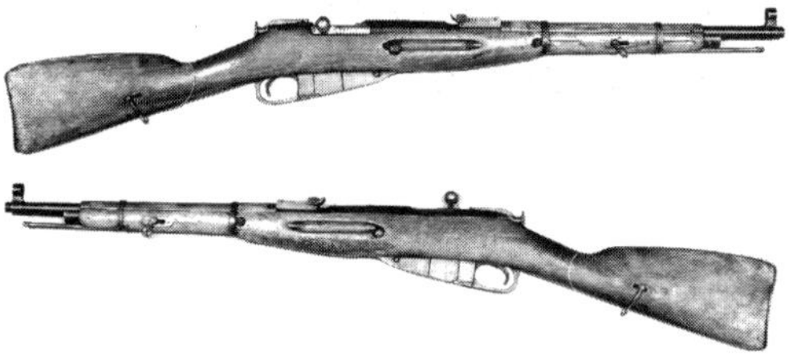

⊕ 莫辛－纳甘M1891/30步枪两侧照

⊕ 莫辛－纳甘M1891/30步枪抛出弹壳的一瞬间

构造与原理

莫辛-纳甘M1891/30步枪采用传统的旋转后拉式枪栓与弹仓式供弹的设计。为便于大量生产，枪机尽可能地简化，零件较少。整体弹仓位于枪托下扳机护圈前面，使用能携带5发子弹的弹夹，通过机匣顶部的抛壳口单发或用弹夹填装，弹仓口有一个隔断面器，用于枪弹上膛时隔开第二发子弹。因拉机柄力臂较短，该枪枪机操作时不太顺畅，所需力量较大。普通版本的莫辛-纳甘拉机柄为直式，而狙击版采用下弯式拉机柄。早期的可拆卸刺刀通过管状插座套在枪口上，后期改为不可拆卸的折叠式刺刀。

⊙ 莫辛–纳甘 1891/30 步枪局部分解图

⊙ 莫辛–纳甘 1891/30 步枪枪机特写

性能与维护

⊙ 莫辛–纳甘 M1891/30 步枪与弹药

⊙ 莫辛–纳甘 M1891/30 步枪与刺刀

莫辛-纳甘M1891/30步枪采用莫辛设计的3线弹仓式设计，同时采用纳甘设计的快速填装弹弹夹。此后，俄国对其实施了一系列改进，推出了适用于骑兵的步枪、卡宾枪及加装瞄准镜的狙击步枪等版本，并为其设计一系列的枪榴弹，以符合当时潮流。莫辛-纳甘M1891/30步枪的优点是易于生产、

⊕ 加装瞄准镜的莫辛－纳甘M1891/30步枪

⊕ 苏军新兵在使用莫辛－纳甘M1891/30步枪进行列队

使用简单可靠、不需太多的维护，适合当时苏联工业基础差、军队士兵素质低的实际状况。

装备与服役

多种型号的莫辛-纳甘M1891/30步枪作为俄国军队和苏联红军的制式武器，服役期长达60年，并被匈牙利、波兰和其他一些国家使用。该枪在20世纪的每一场战争中几乎都能看到，其中包括一战、苏联内战和二战等。到二战结束时，莫辛-纳甘步枪生产数量超过1700万支。20世纪40年代末期，莫辛-纳甘M1891/30步枪逐渐落伍，被AK-47等先进步枪所取代。不过，直到今天，包括M1891/30型在内的M1891/30步枪仍然可在民间收藏领域或狩猎用途方面见到踪影。

⊕ 苏军士兵修理莫辛－纳甘M1891/30步枪

SKS半自动步枪

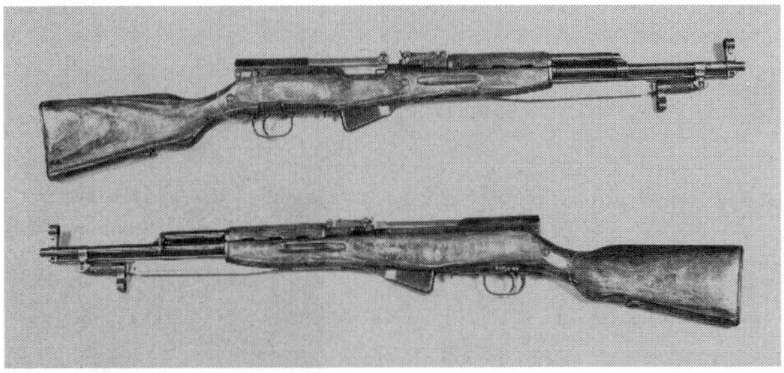

口径	7.62毫米	弹容量	10发
全长	1020毫米	枪口初速	735米/秒
枪管长	520毫米	制造数量	1500万支以上
重量	3.85千克	有效射程	400米

SKS是由苏联枪械设计师谢尔盖·西蒙诺夫（Sergei Simonov）在1945年设计的半自动步枪，主要用以取代莫辛-纳甘步枪，战后不久提供给苏军作为制式步枪。

SKS步枪分解图

研发与生产

二战期间，许多国家认识到，当时的步枪远远不足以满足战争的需求，因此纷纷开始设计新的武器装备战场。苏联在1943年核准了一个新的中间型威力枪弹和步枪。1945年初在二战中少数SKS半自动步枪在对德国的前线进行了测试。1946年SKS步枪正式定型。这是第一支发射苏联7.62毫米

士兵正在使用SKS步枪

M43中间型枪弹的步枪。该枪性能良好，苏军和华约国家军队都曾列装SKS半自动步枪。

构造与原理

SKS半自动步枪布局与传统卡宾枪无异，使用木制枪托，没有手枪型式的握把。大多数版本都在枪管下配有一个可折叠的刺刀。该枪的击发机构属于击锤回转式。发射机构属于半自动发射机构，由阻铁和阻铁簧、扳机和扳机簧、扳机轴、扳机连杆、不到位保险、单发杆等组成，并结合在发射机座上。其中单发杆能在枪机后坐压倒击锤的同时将扳机连杆向下压，解脱阻铁，扣住击锤，确保单发射击。

标准的SKS步枪具有固定内部弹仓。由机匣上方装填，可以单发装填，亦可以容纳十发子弹的弹夹一次压入装填。典型的军事用途的弹夹都是一次性的。有些变种的SKS半自动步枪已被修改接受AK-47可拆卸弹匣，但并不是很成功。大多数的SKS半自动步枪枪栓中的撞针没有弹簧，而是自由浮动的。所有军用的SKS半自动步枪枪管下配有折叠刺刀。刺刀可以通过铰链折叠，铰链有弹簧以固定刺刀伸展和折叠（有些刺刀是可移除的，而有些是固定在枪上的）。刺刀有单刃刺刀、双刃刺刀，也有刺针型刺刀。SKS半自动步枪可以不需工具，能够很轻松地进行分解与重组。

性能与维护

SKS半自动步枪具有结构简单、刚度好等优点，是一支性能良好的武器。

↑ SKS半自动步枪弹仓

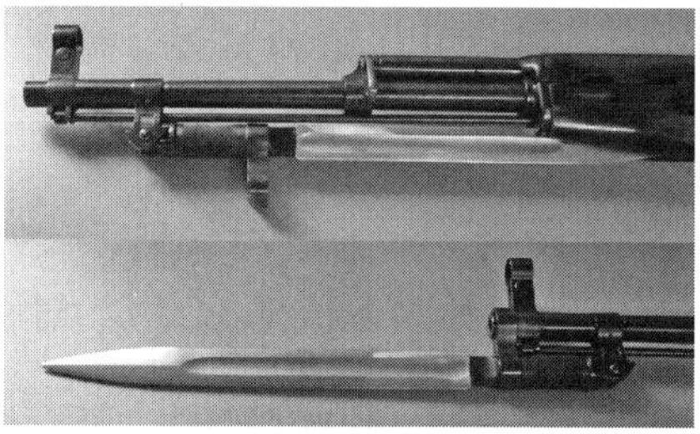

↑ SKS步枪安装的刺刀

↑ SKS步枪的照门

与苏联时代的其他武器设计一样，SKS半自动步枪牺牲了一些精准度，换取了耐用性、可靠性、易于维护、易于使用和低廉的制造成本。SKS半自动步枪设计简洁，而且非常坚固又有效好用。它在世界上盛行多年，堪称历史上比较经典的一款半自动步枪。

装备与服役

SKS半自动步枪在苏联的第一线服役后很快被AK-47取代。但其后它仍然在第二线服务了几十年。直到今天，仍然装备于俄罗斯军队。SKS半自动步枪被苏联广泛出口到前东欧集团国家，部分国家更曾仿制该枪并大量生产。

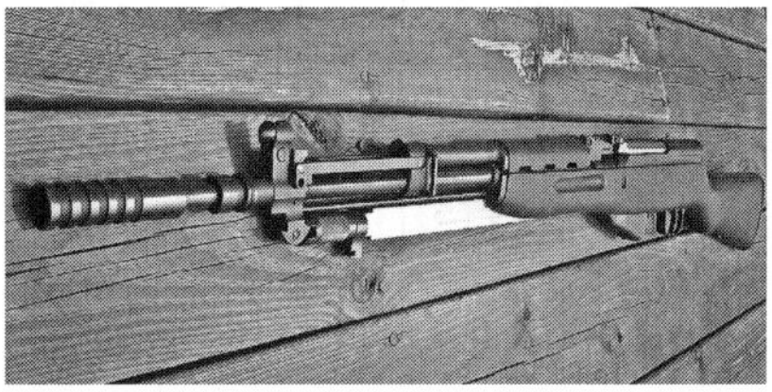

南斯拉夫制造的SKS变种步枪

AVS-36步枪

口径	7.62毫米	弹容量	15发
全长	1230毫米	枪口初速	840米/秒
枪管长	612毫米	最大射速	450发/分
重量	4.3千克	有效射程	400米

AVS-36步枪是苏联时期所设计的一款自动步枪，从20世纪30年代中期开始少量测试性地装备苏军，经改进完善后，在二战初期开始成为苏军新型步兵武器。

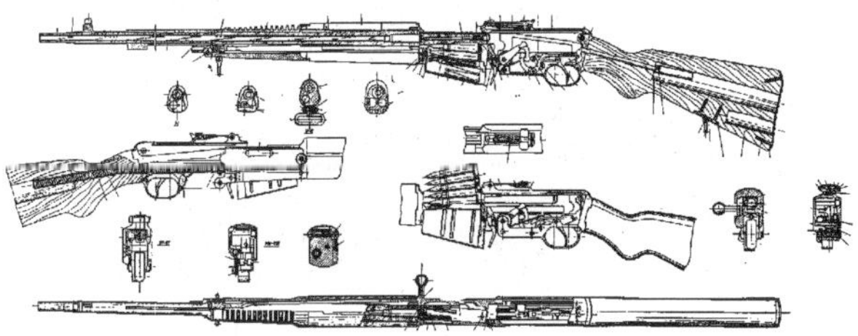

AVS-36步枪线构图

AVS-36步枪（下）与DP轻机枪（上）

研发与生产

20世纪30年代，在莫辛-纳甘步枪进行生产、改进的同时，另一款新型步枪的设计也在如火如荼地进行着，它便是AVS-36步枪，由苏联枪械设计师谢尔盖·西蒙诺夫设计。早在1931年，西蒙诺夫就成功地推出了AVS-36步枪的试验品。不过，由于在测试中该枪出现许多不足，所以苏军对其并不看好。之后，西蒙诺夫花了3年时间，对AVS-36步枪进行了修正。1935年，AVS-36步枪再次交付苏军测试，结果是符合战场要求，随即少量装备军队。二战爆发后，由于莫辛-纳甘步枪性能略微落后，所以苏军正式采用AVS-36步枪。

背负AVS-36步枪在雪地执行任务的苏军士兵

AVS-36步枪射击测试

从左到右依次为莫辛-纳甘M1891/30步枪，莫辛-纳甘M91-30狙击步枪，莫辛-纳甘M38卡宾枪，莫辛-纳甘M91龙步枪，AVS-36和SVT-40步枪

AVS-36步枪（最右）与DP轻机枪（上）、PPSh-41冲锋枪（左2）

构造与原理

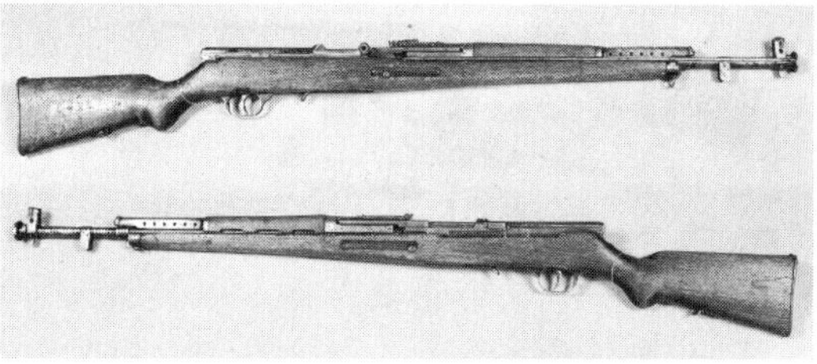

↑ AVS-36步枪两侧视角

AVS-36步枪采用短行程活塞导气式偏斜闭锁操作设计，枪管上有一个枪口制退器，可用以减轻后坐力。它的可拆卸弹匣载弹量为15发，用户还能在枪身上安装刺刀。另外，该枪还有一种带着PE瞄准镜的狙击型被少量生产出来。狙击型在1938年10月第一次露面。就当时而言，AVS-36步枪的设计理念过于超前，导致设计方面不完善，其中最大的问题是后坐力太大、射击精度不高。

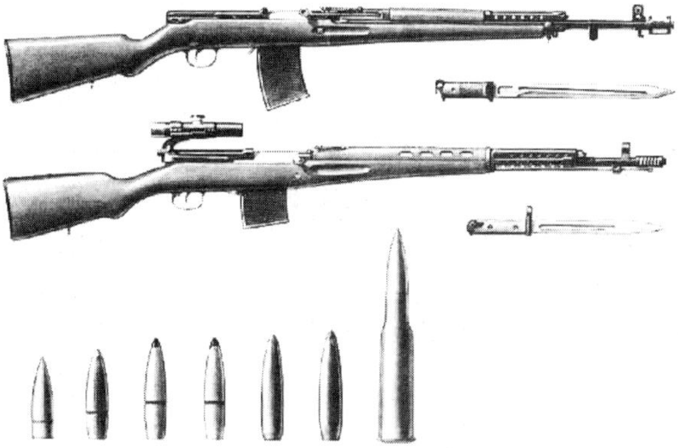

↑ AVS-36步枪与刺刀、弹药

↑ AVS-36步枪局部特写

性能与维护

在正式投入服役之后，AVS-36步枪的弊端很快就显露出来，尤其是当沙子进入枪机时会出现机构运作不顺畅等，这主要是因为零件过多、结构

㊉测试场地中的AVS-36步枪

㊉在沟壑中的士兵使用AVS-36步枪进行防工

过于复杂。此外，AVS-36也对子弹发射药的品质要求严格；而枪口制退器基本上没有制退功能，在全自动射击时，几乎无法控制。该枪也存在供弹问题，主要原因是弹匣的弹簧弹力不够。就以上的问题可见，AVS-36并非一种可靠的步枪，因此于1938年停产，共生产65800支。

㊉射击中的AVS-36步枪

装备与服役

由于AVS-36步枪存在上述众多缺陷，所以即便它是一款非常先进的武器，但也没能被大量采用。而且，由于与其同时期出现的SVT-40步枪在可靠性方面略胜一筹，导致AVS-36步枪不被军方青睐。尽管如此，AVS-36步枪还是为之后的同类武器打下了一定的基础，更为后来的苏联突击步枪提供了宝贵经验（据说大名鼎鼎的AK-47就曾借鉴过AVS-36步枪）。

㊉苏军士兵与AVS-36步枪

SVT-40步枪

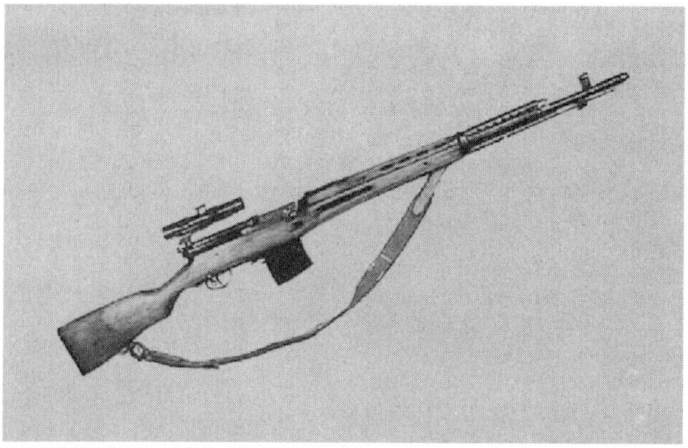

口径	7.62毫米	弹容量	10发
全长	1226毫米	枪口初速	840米/秒
枪管长	625毫米	最大射速	500发/分
重量	3.85千克	有效射程	800米

SVT-40步枪是一款半自动步枪，由苏联著名枪械设计师费德尔·瓦西里耶维奇·托卡列夫设计，曾在二战中大量装备苏军。

⊕苏联士兵在维护SVT-40步枪

研发与生产

战场上的苏军士兵与SVT-40步枪

相比手动步枪（如莫辛-纳甘步枪）而言，半自动步枪在射击速度方面占绝对优势，可大大地提高步兵火力密集度，增强作战力。20世纪30年代，美国率先为其军队装备了半自动步枪，即M1加兰德步枪，由此引发了新一轮的军备竞赛。在得知美军装备了新式半自动步枪后，苏联也不甘落后，开始寻求同类武器。之后，苏联著名枪械设计师托卡列夫设计出了SVT-38半自动步枪。不过，由于技术等方面的原因，SVT-38并不令苏军满意。为此，托卡列夫对SVT-38进行了改进，最终于20世纪30年代末期推出了SVT-40。

拿着SVT-40步枪冲锋的苏军士兵

苏联士兵使用SVT-40步枪进行射击

苏军把SVT-40步枪当做狙击步枪使用

2名使用SVT-40步枪战斗的苏联士兵

构造与原理

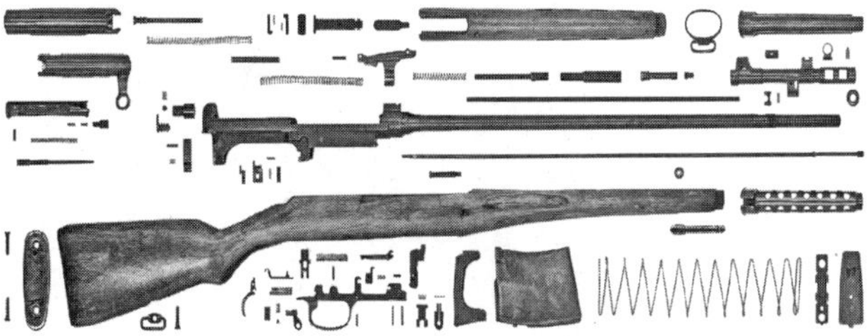

⊕ SVT-40步枪分解图

SVT-40步枪采用枪机偏移式闭锁机构。这种机构的优点是刚度好、结构简单、便于生产，勤务性也比较好，但由于枪机单面受力以及开、闭锁时的碰撞，对连发射击精度会有一定的影响。不过，SVT-40作为半自动步枪，这方面的影响并不大。该枪枪机框底部的开/闭锁斜面与枪机顶部的开/闭锁斜面贴合，在自动循环过程中相互作用，使枪机后端上抬或下落，完成开、闭锁动作。

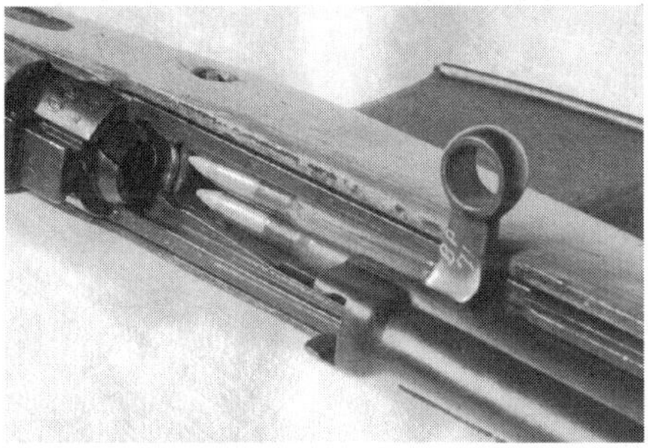

⊕ SVT-40步枪局部特写

性能与维护

SVT-40步枪采用导气式工作原理，弹匣供弹。短行程导气活塞位于枪管上方，后坐行程约36毫米。导气室连同准星座、刺刀卡笋和枪口制退器，构成一个完整的枪口延长段。这样的设计简化了枪管，但枪口延长段颇为复杂。导气室前面凸出的是一个五角形的气体调节器，可根据天气条件、弹药状况或污垢的积聚程度选择合适的导气量。枪口制退器两侧各有6个泄气孔，将部分火药燃气导向侧后方，从而起到降低后坐力和枪口消焰的作用。

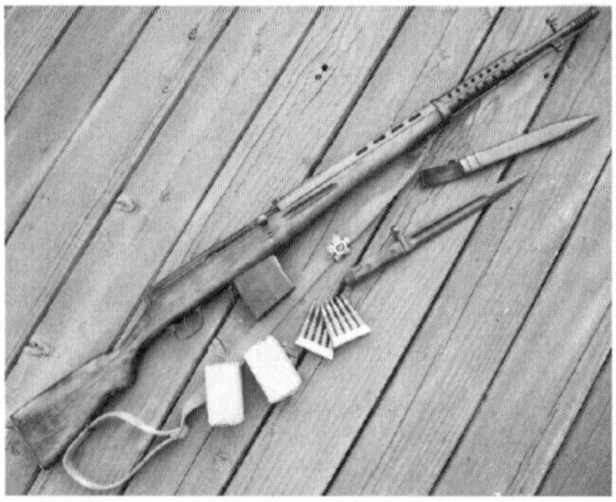

SVT-40步枪与刺刀、弹夹

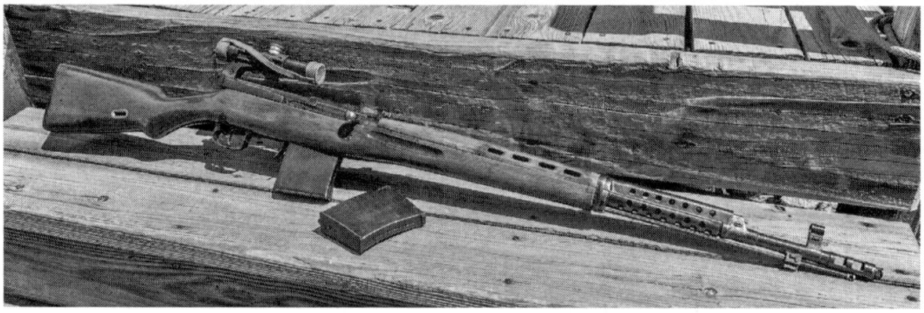

SVT-40步枪

装备与服役

苏德战争爆发后，SVT-40步枪被派往战场，但因为故障率高，苏联陆军对其并不看好。相反，该枪在受教育程度较高的苏联海军手上却有较佳的表现。由于SVT-40是半自动步枪，其内部结构较为复杂，需要有较为专业的枪械保养知识，这正是苏联陆军所欠缺的。因此，SVT-40并没有大规模地列装部队，通常苏联士兵仍然较常使用莫辛-纳甘步枪。二战后，苏联先后以更先进的SKS半自动步枪、AK-47突击步枪取代了SVT-40步枪。

苏军士兵使用SVT-40步枪押送战俘

手持SVT-40步枪的苏军士兵

PTRS-41反坦克步枪

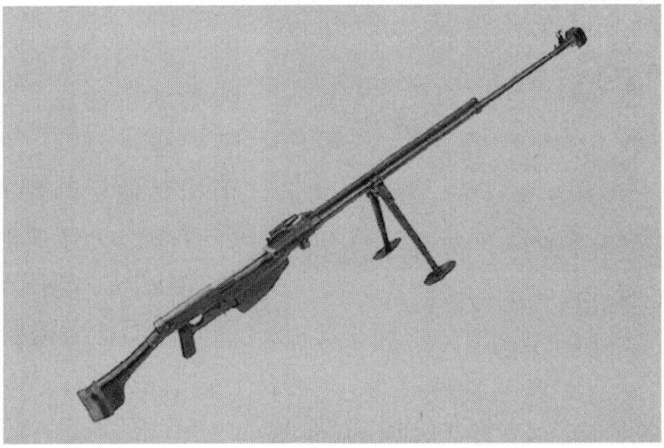

口径	14.5毫米	弹容量	5发
全长	2100毫米	枪口初速	1013米/秒
枪管长	1219毫米	最大射速	450发/分
重量	20.3千克	有效射程	800米

PTRS-41是苏联在二战期间研制的反坦克步枪，用途非常广泛，除了坦克和装甲车辆之外，迫击炮和机枪阵地也常常成为它们的目标。

研发与生产

1938年，苏联便已开始研制反坦克步枪，但由于军方高层的否定态度，进展极其缓慢。1941年苏德战争爆发，苏军急需大量反坦克武器对付德军的装甲部队，但已研制成功的反坦克步枪并不适合大量投产。捷格加廖夫临危受命，在很短的时间内研制出了PTRS-41反坦克步枪。

战场上的PTRS-41反坦克步枪

保存在博物馆内的PTRS-41反坦克步枪

1941年，PTRS-41开始大规模生产，在东部战线得到广泛使用，在攻击德军早期型号的坦克时表现出良好的性能。随着战事的进行，德国坦克的装甲越来越厚，但它在攻击卡车和其他轻装甲目标时依然十分有效。为了抵挡这些反坦克枪的火力，德国坦克常常在薄弱的侧面挂上裙板。

PTRS-41反坦克步枪大规模装备苏军

在城镇中作战的PTRS-41反坦克步枪

构造与原理

苏军士兵使用PTRS-41反坦克步枪执行任务

掩体后的苏军与PTRS-41反坦克步枪

PTRS-41是一款气压工作的步枪，利用火药燃气完成开锁、退壳、取弹、上膛、闭锁。弹夹容量为5发，也可以从上方单发手动装填。枪上配有空仓挂机机构，只有枪机被锁定在后方时才能打开弹仓。该枪为木质枪托，配有可向后折叠的两脚架，后坐力相对较低。同PTRD-41一样，PTRS-41作战时也需要由2人完成。在战场上，PTRS-41被证实拥有良好的精确度，并拥有良好的弹道特性，在100米距离上最大穿甲能力为40毫米。

性能与维护

PTRS-41的主要缺点是经常卡壳，并且不适用于寒冷天气，因为在极度寒冷的条件下，该枪无法自动装弹。此外，枪管中的排气孔也经常堵塞。不过，PTRS-41仍然被苏军认为是一款难得的好枪，并被德军缴获后投入使用。由于工序烦琐、造价高昂，PTRS-41在1942年的总产量只有77支，1944年增加到63308支，1945年1月后就停产了。

苏军士兵使用PTRS-41反坦克步枪尝试对空中目标进行攻击

PTRS-41反坦克步枪

装备与服役

苏军步兵部队中反坦克枪的装备情况大致如下：1941年8月，每个步兵团中编有1个反坦克枪排，每排编有6支反坦克枪；1941年11月，每团配备1个反坦克枪连，采用3排3班制，每个班编有3支反坦克枪，这样每个步兵团配备27支反坦克枪；1942年7月，反坦克枪连成为步兵营的下属单位，此时连队采取2排4班的编制（16支步枪），同时师属反坦克枪营由4个反坦克枪连组成（共36支步枪）；1943年1月，营属反坦克枪连被缩减为1个9支步枪的步枪排。

PTRS-41反坦克步枪战斗小组

阻击地方坦克的PTRS-41反坦克步枪小组

PTRD-41反坦克步枪

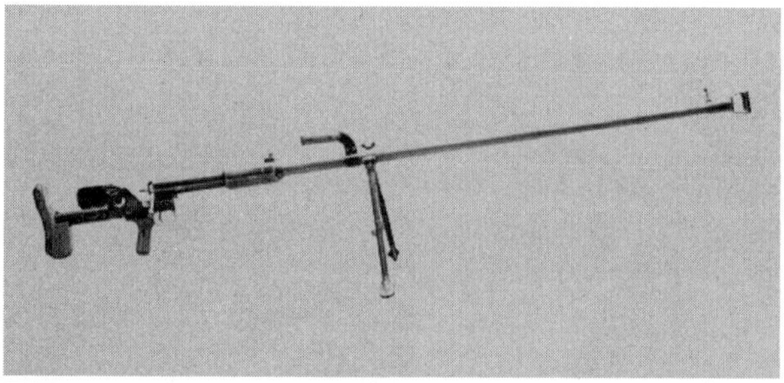

口径	14.5毫米	弹容量	8发
全长	2020毫米	枪口初速	1114米/秒
枪管长	1350毫米	最大射速	450发/分
重量	17.3千克	有效射程	3000米

PTRD-41是苏联在二战时期研制的另一种反坦克步枪，它被苏军广泛用于各种不同的场合，甚至可以用来射击低飞的战斗机。

研发与生产

1941年苏德战争爆发时，德国的坦克四处横行，而由于各方面原因，苏军没有给所有战斗小队配发火箭筒，仅仅配发了托莫洛夫燃烧瓶。但这种燃烧瓶只对装甲车辆和步兵运输车有一些用处，对德军的“四号”坦克等重型坦克来说显得力不从心。鉴于此，苏军急迫地需要装备新式反坦克武器。之后，捷格加廖夫设计出了PTRS-41反坦克步枪。同时，西蒙诺夫也在进行着同样的工作，他的产品便是PTRD-41反坦克步枪。

PTRD-41反坦克步枪射击测试

PTRD-41反坦克步枪（上）与PPSh-41冲锋枪（下）

工作人员在对PTRD-41反坦克步枪进行修改讨论

装备苏军的PTRD-41反坦克步枪

士兵在暗堡里使用PTRD-41反坦克步枪对敌方坦克进行攻击

构造与原理

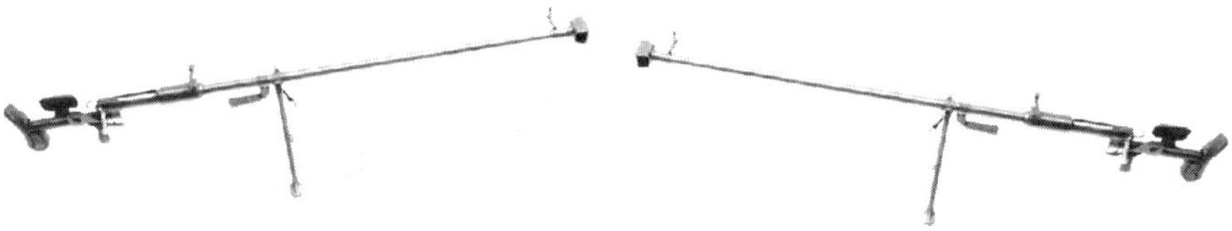

PTRD-41反坦克步枪两侧视角

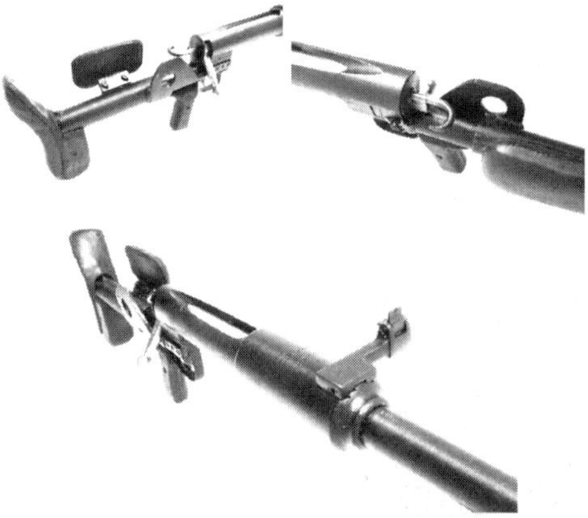

PTRD-41反坦克步枪局部特写

PTRD-41反坦克步枪采用枪管长后坐设计，发射后枪管后坐，然后枪机开锁，之后手动拉枪机换下一发弹。该枪的零部件极少，身管长达2米，枪口装有一个大方孔枪口制退器和准星，枪尾上有一个很小的枪托，击发手柄和夹板位于机匣后端，提把固定在身管上，紧靠提把的前方固定有一个双脚架。枪托内装有一根弹簧，用于吸收后坐力。为了防止机械装置伤害射手，枪管左侧有一块平板，用于保护射手的面部。

性能与维护

PTRD-41反坦克步枪配用的是14.5毫米枪弹，最初采用的是流线形覆铜被甲硬钢芯的穿甲弹头，后来采用非流线形钨芯穿甲弹头。该弹全长156毫米，全弹质量200克，装药量31克，弹头质量64克。重新装弹时，需要射手完成的唯一动作是另外取出一发子弹，并通过管状枪机滑动槽顶部的缺口，把子弹装入枪尾，然后将枪机闭锁。

PTRD-41反坦克步枪威力巨大，穿甲性能在当时名列前茅，可以击穿突击炮和坦克歼击车的装甲，对人则一击致命。不过，该枪的后坐力过大，单兵往往很难在不展开两脚架的情况下进行射击。

肩扛PTRD-41反坦克步枪的士兵

战斗中的PTRD-41反坦克步枪

德军士兵正在装填缴获的PTRD-41反坦克步枪

装备与服役

身着雪地迷彩装的苏军士兵与PTRD-41反坦克步枪

配备在野外战斗小组的PTRD-41反坦克步枪

1941年8月29日，PTRD-41反坦克步枪投入生产，并及时地在莫斯科保卫战爆发前得以装备红军。在实战中，PTRD-41反坦克步枪被证实远优于德军同类武器，实际上德国人很快就喜欢上了缴获的PTRD-41，并将其命名为PzB-783。PTRD-41最终在1945年1月停产，之后，苏军中PTRD-41的使用数量减少到约40000支。

2.2 冲锋枪

PPD-34冲锋枪

口径	7.62毫米	弹容量	25发
全长	788毫米	枪口初速	490米/秒
枪管长	273毫米	最大射速	800发/分
重量	3.2千克	有效射程	200米

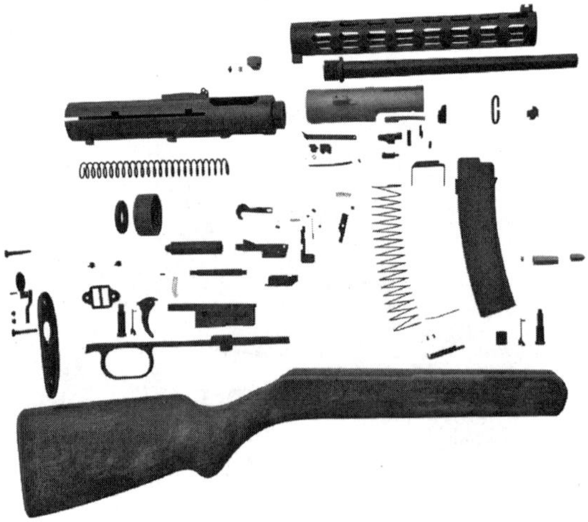

PPD-34冲锋枪分解图

苏联武器设计专家开始研发冲锋枪是因为1925年10月27日苏联红军装备委员会的一份申请报告，报告中说："考虑到纳甘左轮手枪只是一种自卫武器，我们认为为中下层指挥官提供一种冲锋枪是必须的。"因此在这期间很多苏联轻武器设计家都开始研制各种冲锋枪，但大多都没有达到理想的效果。1934年，研发DP轻机枪的瓦西里·捷格加廖夫研制出了一种冲锋枪，1935年，该枪被红军采用并正式命名为PPD-34。早期的PPD-34产量极小，而且只能使用弹匣，主要供内务人民委员会国境守备部队使用。1938年，该枪经过改进（主要是可以使用弹鼓），新的冲锋枪被称为PPD-38型冲锋枪。

PPD-40冲锋枪

口径	7.62毫米	弹容量	25发/71发（弹鼓）
全长	788毫米	枪口初速	490米/秒
枪管长	273毫米	最大射速	1000发/分
重量	3.2千克	有效射程	160米

PPD-40冲锋枪是苏联时设计的，发射7.62×25毫米托卡列夫手枪子弹。二战期间，它只有少量装备苏军，之后便由PPSh-41冲锋枪取代。

研发与生产

一战后期，德国军队为打破堑壕战的僵局采用“渗透突击”战术。采用这种战术的士兵需要携带一种质量轻巧、火力猛烈、有一定射程的武器。机枪虽然火力十足，但太过于笨重；步枪质量轻巧，便于携带，但缺乏火力。1917年，德国人雨果·施梅瑟设计出了一款集机枪与步枪优点于一体的武器——MP18冲锋枪。这之后，苏联也意识到冲锋枪的重要性，开始研发这种武器。

⬆使用PPD-40冲锋枪作战的小组

经过多年技术钻研和经验的累积，20世纪

㊉苏军士兵与PPD-40冲锋枪

㊉装配中的PPD-40冲锋枪

30年代，苏联轻武器设计师瓦西里·捷格加廖夫（Vasily Degtyaryov）推出了PPD冲锋枪。该枪于1935年正式在苏联军队中服役，并定名为PPD-34。1938～1940年，PPD-34进一步修改后被命名为PPD-40。这个版本于1940年开始大规模生产，仅当年就生产了81118支。

构造与原理

PPD-40冲锋枪采用木制枪托，开放式枪机。该枪供弹方式可在25发可拆卸式弹匣和71发可拆卸式大型弹鼓之间切换。PPD-40冲锋枪为自由枪机式原理，开膛待机，可以半自动或全自动射击。

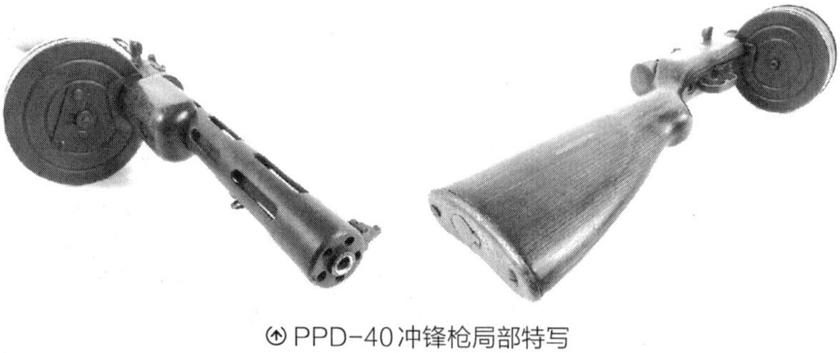

㊉PPD-40冲锋枪局部特写

性能与维护

PPD-40冲锋枪性能很好，但制造工艺要求严格，生产成本高。1941年苏德战争爆发，苏联红军很快发现PPD-40并不适合战时快速生产，于是其很快就被更有效、更易于大量生产、更便宜的PPSh-41（即著名的“波波莎”）代替。

女工在装配PPD-40冲锋枪

苏联某电影中的PPD-40冲锋枪

装备与服役

PPD-34是苏联在1934年制造的7.62毫米口径冲锋枪，但该枪性能不佳。之后，枪械设计师捷格加廖夫在PPD-34冲锋枪基础上做了大量改进，推出了PPD-40冲锋枪。正如前文所说，由于PPD-40冲锋枪结构过于复杂、生产成本高昂，所以只在二战初期被使用，之后于1941年被PPSh-41冲锋枪所取代。值得一提的是，被德国缴获的PPD-40冲锋枪被命名为MP.716（r）。

波罗的海舰队的水手与PPD-40冲锋枪

苏联游击队中的PPD-40冲锋枪（左）

PPSh-41冲锋枪

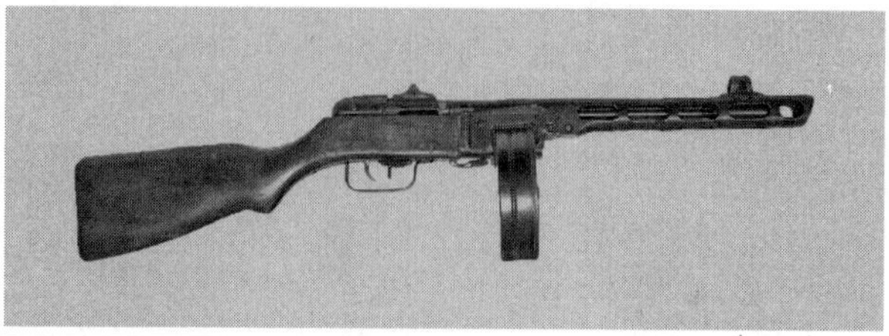

口径	7.62毫米	弹容量	35发/71发（弹鼓）
全长	843毫米	枪口初速	488米/秒
枪管长	269毫米	最大射速	1000发/分
重量	3.63千克	有效射程	150米

PPSh-41冲锋枪（又称“波波莎”冲锋枪）是二战期间苏联生产数量最多的武器，在斯大林格勒战役中，它起到了非常重要的作用，成为苏军步兵标志性装备之一。

研发与生产

二战爆发后，德国猛烈的攻击迫使苏联将兵工厂转移到交通不便、条件艰苦的偏远地区。新建的兵工厂面临机械设备陈旧、人员劳动力不足等诸多问题。苏军之前装备的PPD-40冲锋枪，组成结构复杂，制造工艺烦琐，而且成本较高。而此时，苏联面临“非常时期”，无法大量生产PPD-40冲锋枪。在此背景下，格奥尔基·什帕金（Georgi Shpagin）采用了“非常方法”，他以PPD-40冲锋枪为基础，将其结构简化再简化，最终在1940年设计出了一种新型冲锋枪，命名为PPSh-41冲锋枪。生产一把PPD-40需要13.7个工时，而一把PPSh-41仅需7.3个工时，因此可以大量生产，并装备于苏军。苏军常常整排地装备此枪，使他们在近距离上取得无法比拟的火力优势。

⊙德国领土上的苏军士兵与PPSh-41冲锋枪

㊉ 蛰伏在野外等待作战机会的苏军士兵

㊉ 苏军士兵与PPSh-41冲锋枪

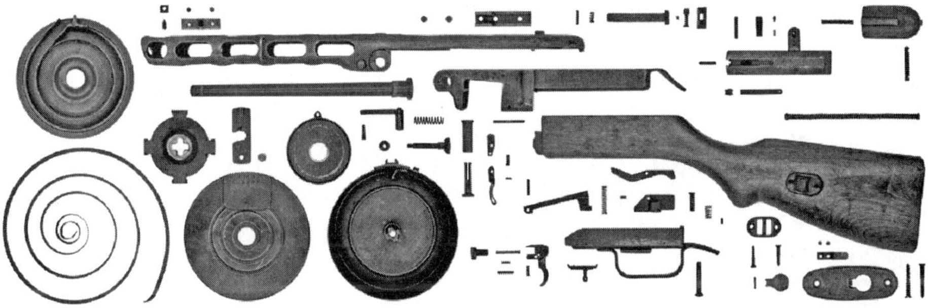

㊉ PPSh-41冲锋枪分解图

构造与原理

PPSh-41冲锋枪采用自由式枪机原理，开膛待击，带有可进行连发、单发转化的快慢机，发射7.62×25毫米托卡列夫手枪弹。PPSh-41能够以约1000发/分的射速射击，射速与当时其他大多数军用冲锋枪相比而言是非常高的。该枪的设计以适合大规模生产与结实耐用为首要目标，对成本则未提出过高要求，因此其上出现了木制枪托枪身。沉重的木制枪托和枪身使PPSh-41的重心后移，从

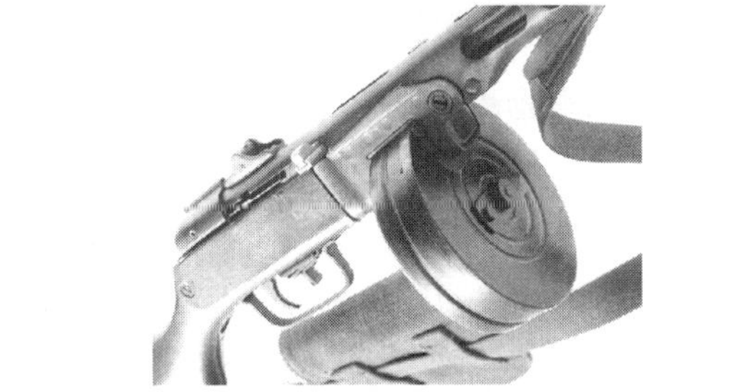

㊉ PPSh-41冲锋枪局部特写

而保证枪身的平衡性，而且可以像步枪一样用于格斗，同时还特别适合在高寒环境下握持。

性能与维护

Ⓐ PPSh-41冲锋枪与钢盔

Ⓐ PPSh-41冲锋枪

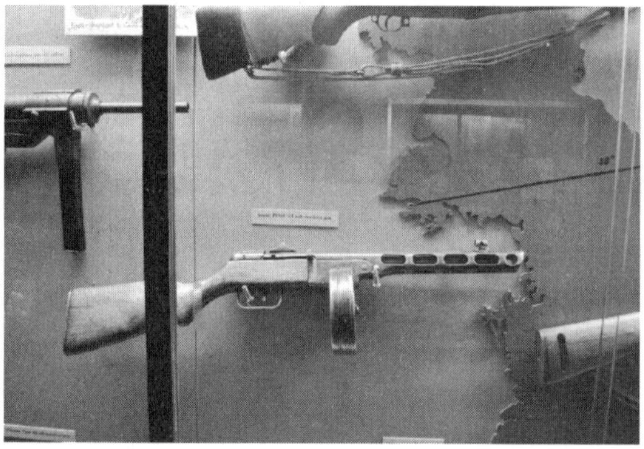

Ⓐ 博物馆中的PPSh-41冲锋枪

PPSh-41冲锋枪具有一个铰链式机匣以便不完全分解和清洁武器。枪管和膛室内侧均进行了镀铬防锈处理，这一在当时绝无仅有的设计赋予了PPSh-41惊人的耐用性与可靠性。该枪可以承受腐蚀性弹药、在各种恶劣环境下使用，以及延长其清洁间隔时间。由于较短的自动机行程，加上较好的精度，三发短点射基本能命中同一点。该枪的缺点包括弹药难以重新装填（装填71发时弹鼓容易卡壳），坠地时容易意外击发（尤其是掉落在坚硬的表面上，这是所有自由式枪机冲锋枪的通病，虽然PPSh配备了一个滑动式枪机保险），以及过于沉重。尽管有这些缺点，PPSh-41因其低后坐力、高可靠性和近距离的杀伤力受到苏联士兵的喜爱。

装备与服役

从诞生伊始到1941年11月，PPSh-41冲锋枪的总产量还仅有数百支，而在接下来的5个月内，这个数字攀升到了15.5万支，到了1942年，生产厂一天就能生产出约3000支。二战期间，由于红军大量需求，苏军统帅部决定启用更多的非军工厂加入生产PPSh-41冲锋枪的行列。在二战结束以前，这种武器共生产了超过600万支。1942年，曾提供图纸与制造工具授权伊朗生产，红军也得到过数万支伊朗制造的PPSh-41。

⊕苏军大阅兵中的PPSh-41冲锋枪

⊕波兰士兵与PPSh-41冲锋枪

PPS冲锋枪

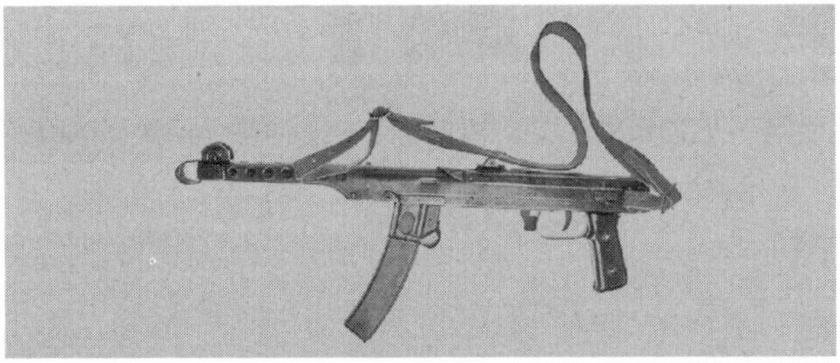

口径	7.62毫米	弹容量	35发
全长	831毫米	枪口初速	500米/秒
枪管长	240毫米	最大射速	650发/分
重量	3.86千克	有效射程	150米

PPS冲锋枪是二战期间苏联的一种“应急”武器，有多种型号，其中包括PPS-42、PPS-43等。在德苏战争当中，德军也有使用缴获的PPS冲锋枪，并改名为MP719（r）。

研发与生产

1942年，列宁格勒被德军包围，在此地防守的苏军由于武器不足，所以急迫地需要可立即使用的冲锋枪。当时，列宁格勒兵工厂里有一名叫苏达耶夫（Sudayev）的工程师开始设计冲锋枪，其理念是：尽可能采用工厂可以找到的材料和设备生产，以解决苏军的燃眉之急。抱着这样的理念，苏达耶夫最终设计出了PPS冲锋枪。这是一支全金属制造的冲锋枪，只有扳机手柄镶有木头，舍弃固定枪托而改用金属架构成的折叠枪托，其结构相当地简单和坚固耐用。

从上至下依次为PPD-40冲锋枪、PPSh-41冲锋枪、PPS冲锋枪

苏联士兵使用PPS冲锋枪在城镇中作战

由上至下依次为PPS冲锋枪、MP-40冲锋枪和K-50M冲锋枪

构造与原理

PPS冲锋枪采用自由枪机式工作原理，开膛待击，并用较短的金属折叠式枪托代替固定式木托。保险手柄位于机匣下方、扳机护圈的右侧，可将枪机锁定于前方或后方位置。不采用弹鼓，只采用35发弧形弹匣供弹。后期的PPS冲锋枪，其握把将木护片改为硬橡胶制品，缓冲垫采用浸渍纤维板。

PPS冲锋枪局部特写

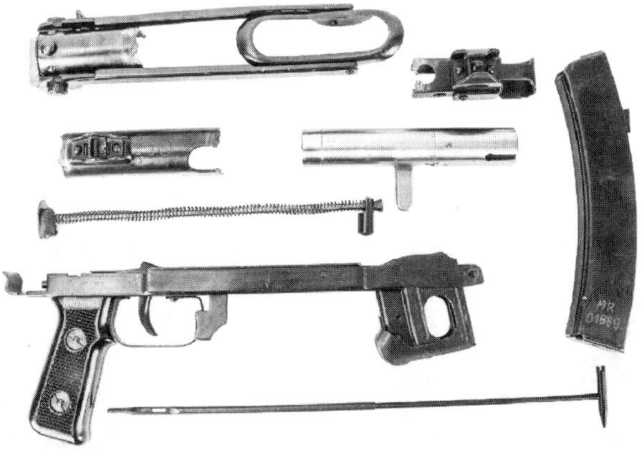

PPS冲锋枪分解照

性能与维护

PPS冲锋枪的握把片上带有菱形图案，图案中间刻有俄文“C”，与枪身铭文上的“C”一样都是苏联某兵工厂的代号。据说还有菱形图案中间带有“K”字或五角星的情况。托底板与枪托左、右支杆以铆钉连接，并可绕铆钉转动。当托底板左侧的突起转到枪托左支杆下方位置时，托底板就被限制在与支杆垂直的位置不能再继续转动，以便抵肩射击。独特的枪口制退器设计使得出枪口的火药燃气冲击制退器前壁时，可对全枪起制退作用；同时，火药燃气对制退器下表面的冲击力比上表面大，可抑制枪口上跳。

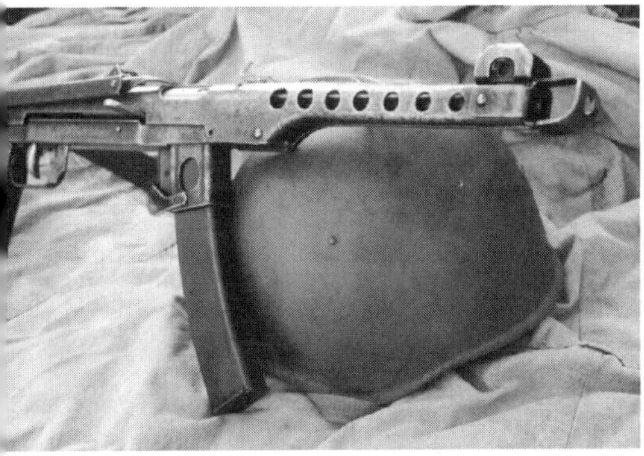

PPS冲锋枪与钢盔

PPS冲锋枪与TT手枪

装备与服役

1943年，PPS冲锋枪正式列为苏军制式冲锋枪，从这一年开始直到二战后停产时为止，共约生产了100万支，曾广泛装备于捷克斯洛伐克、匈牙利、保加利亚等国家，波兰、芬兰、德国等国家也进行了仿制生产。目前，该枪已撤装，但一些国家的边防部队和警察仍在使用。

PPS冲锋枪局部特写

苏军士兵在建筑上插上胜利的旗帜，其背上的枪支为PPS冲锋枪

2.3 机 枪

DP轻机枪

口径	7.62毫米	弹容量	60发
全长	1270毫米	枪口初速	840米/秒
枪管长	604毫米	最大射速	600发/分
重量	9.12千克	有效射程	800米

DP轻机枪于1928年开始装备苏联红军，是苏联在二战中装备最多的轻机枪之一，至今其改进型仍在俄罗斯军队中服役。

研发与生产

废墟中作战的苏军士兵与DP轻机枪

20世纪20年代，按照苏联红军当时的战斗要求，陆军班用轻机枪必须像步枪一样可以卧姿、跪姿、立姿、行进间端枪或挟持等任何姿势射击，并可突然开火，以猛烈的点射或连续射击横扫敌人。1923年，捷格加廖夫根据该要求开始了轻机枪的设计。1927年12月21日，他设计的轻机枪通过了零下30摄氏度试验，随后，被苏联红军定为制式装备，并命名为DP轻机枪。在之后的使用过程中，苏军发现DP轻机枪连续射击后，枪管会发热致使枪管下方的复进簧受热而改变性能，影响武器的正常工作。随后，捷格加廖夫将复进簧改放在枪尾内，DP轻机枪也改名为DPM轻机枪。

DP轻机枪射击训练

战斗中的DP轻机枪小组

苏联女兵与DP轻机枪

进入德国柏林的苏军士兵与DP轻机枪

构造与原理

DP轻机枪不完全分解图

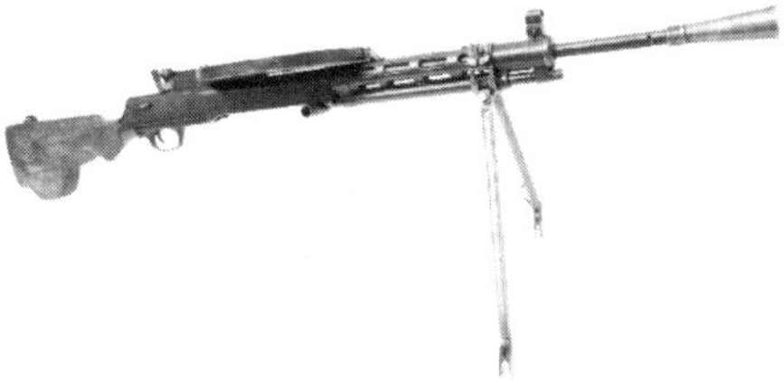

DP轻机枪左侧视角

DP轻机枪47发装弹匣

DP轻机枪结构比较简单，一共只有65个零件。该枪制造工艺要求不高，适合大量生产，这也是它被苏军广泛采用的原因之一。圆状弹盘是DP轻机枪最大的特征，它平放在枪身的上方，由上下两盘合拢构成，上盘靠弹簧使其回转，不断将子弹送至进弹口。

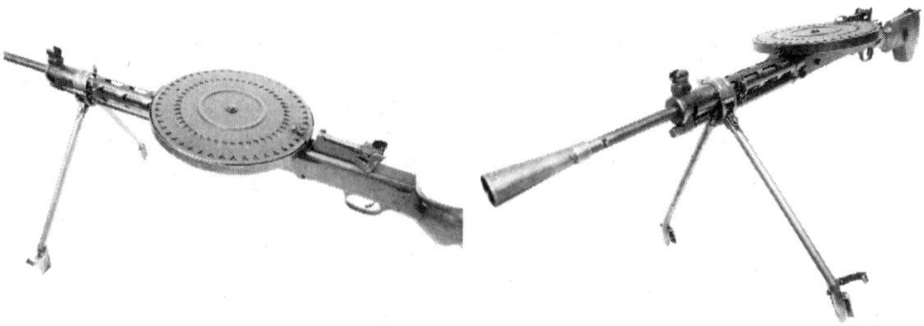

DP轻机枪

性能与维护

为增加射击精准度，DP轻机枪的瞄准装置由柱形准星和带V形缺口照门的弧形表尺组成，准星上下左右均能调整，两侧有护翼，表尺也有护翼。DPM与DP没有太大差别，仍采用弹盘供弹，但是在机匣后端配用弹簧缓冲器，另外就是使用厚管壁重型枪管，以增强枪管耐热性。

苏军士兵与DP轻机枪

装备与服役

战场上的DP轻机枪

苏军士兵用DP轻机枪为己方部队提供火力支援

1941 ～ 1945年期间，DP轻机枪伴随苏联红军参加了每一次重大军事行动，得到士兵们的赞誉，号称是德国MG-42机枪的“克星”。德军将缴获的大量DP轻机枪改称MGl20（r）型轻机枪，转给仆从国军队使用。不过，与战场上缴获的ZB-26、MG34/42等西欧先进机枪相比，

DP轻机枪连续射击后会因枪管发热致使枪管下方的复进簧受热而改变性能，影响机枪的正常工作，且前重后轻，所以不太适用于腰际射击或运动中射击。

二战结束后，苏联以RPD及RPK等较新型的轻机枪取代了DP轻机枪。但至今许多国家的军队仍在使用及生产。DP轻机枪还曾出现在索马里内战及2011年利比亚内战等武装冲突中。

苏德战争中的DP轻机枪

苏军阅兵方队中的DP轻机枪

马克沁M1910重机枪

口径	7.62毫米	弹容量	250发
全长	1067毫米	枪口初速	740米/秒
枪管长	721毫米	最大射速	600发/分
重量	45.2千克	有效射程	2000米

马克沁M1910重机枪于1910年起正式装备俄国军队，是一战俄国陆军及二战苏联红军的主要武器之一，也有名为PV-1的空用型及海军衍生型。1943年，它被新型的SG-43重机枪取代。

研发与生产

1882年，作为一名医生的马克沁在英国考察时发现了一个现象：士兵的肩膀被老式步枪的后坐力撞伤，说明枪发射子弹时会产生巨大的力量。这个现象在普通人看来并没有什么特别之处，可是马克沁却从中找到了武器自动连续射击的动力。他首先在一支老式的温切斯特步枪上进行试验，利用射击时子弹喷发的火药气体使枪完成开锁、退壳、送弹、重新闭锁等一系列动作，实现了单管枪的自动连续射击，并减轻了枪的后坐力。1884年，马克沁根据这个原理设计出了世界上第一支能够自动连续射击的机枪，即马克沁重机枪。

废弃的马克沁M1910重机枪

4联装马克沁M1910重机枪

马克沁重机枪问世以后，凭借密集的火力，在欧洲战场大放异彩，得到不少欧洲国家军队的青睐。之后，包括德国、英国和法国在内的国家陆续为军队装备了马克沁重机枪。20世纪初期，鉴于军队火力需要加强，俄国开始采用马克沁重机枪。当时，由于各方面的原因，俄国并没有直接使用原版马克沁重机枪，而是对其进行了少量改进，以适应自身环境。1910年，改进后的马克沁重机枪，即马克沁M1910开始正式装备俄国军队。由于当时装备的数量较大，所以到二战爆发后，苏联仍在使用马克沁M1910，直到1943年。

当代人还原二战时的马克沁M1910重机枪作战场景

构造与原理

马克沁M1910重机枪特写

马克沁M1910与英国、德国生产的马克沁机枪没有本质的差别，只是采用了独特的索科洛夫轮式枪架。从1914年俄国卷入一战，历经十月革命、苏俄国内战争，马克沁M1910重机枪忠实地履行自己的战争职责。直到二战，马克沁M1910仍旧在苏联红军中服役。在苏芬冬季作战中，苏联士兵更为它们装上小雪橇，便于在雪地环境下机动作战。在和德军作战的第一个冬季，仍有不少安装雪橇的重机枪小队从雪地上滑过。

性能与维护

由于枪管连续的高速发射子弹，会导致发热，为了解决这一问题，马克沁重机枪采用水冷方式帮助枪管冷却。为了保证有足够子弹满足这种快速发射的需要，马克沁发明了帆布子弹带，带长6.4米。弹带两端还有锁扣装置，以便可以连接更多子弹带。为保证枪机的可靠性，马克沁M1910重机枪几乎保留上述的所有特性。

轴轮上的马克沁M1910重机枪

博物馆中的马克沁M1910重机枪

装备与服役

让马克沁重机枪光芒四射的是一战，当时德军装备了马克沁MG08重机枪，在索姆河战斗中，一天的工夫就打死数万

苏联红军与马克沁M1910重机枪的合影

苏军士兵拖曳马克沁M1910重机枪

名英军。此后，各国军队相继装备马克沁重机枪，由此它成为了闻名的“杀人利器”。在二战中，马克沁重机枪已经落伍了，但许多国家的军队仍然在使用，苏联就是其中之一。不过，1943年它被SG-43重机枪取代了。

M1925轻机枪

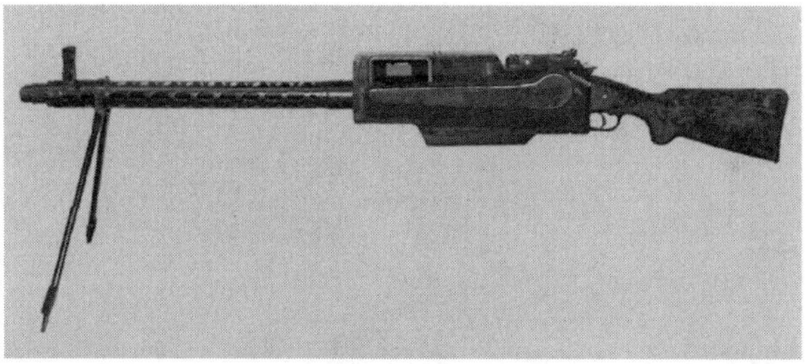

口径	7.62毫米	弹容量	100发
全长	1330毫米	枪口初速	850米/秒
枪管长	650毫米	最大射速	300发/分
重量	12.9千克	制造数量	3500挺以上

M1925轻机枪是1925年苏联枪械工程师托卡诺夫利用马克沁M1910重机枪修改而成的轻机枪。1926～1927年间，苏联兵工厂总共生产超过3500挺M1925，但苏军士兵普遍认为M1925太过笨重，宁愿使用DP轻机枪，托卡诺夫虽然有设计改良型但由于认为改良型作用不人而无生产。

托卡诺夫将M1910重机枪除去水冷套筒而改为可快拆式风冷枪管，并加装了两脚架，简化了机匣结构，加装枪托和扳机在枪身下方，安装了可插入100发弹鼓的插座，这样改进之后的枪械就成了M1925轻机枪。

托卡诺夫父子和M1925轻机枪

PV-1机枪

口径	7.62毫米	弹容量	弹链供弹
全长	1050毫米	枪口初速	800米/秒
枪管长	721毫米	最大射速	780发/分
重量	14.5千克	有效射程	5400米

1924年，三名武器设计师在图拉兵工厂开始计划将老式的马克沁重机枪设计成一种新式的气冷机枪。最终枪的重量从45.2千克降低到14.5千克，并且射速从每分钟600发提高到780发。最初这门枪采用布袋链条的供弹方式，但是1932年开始换成金属链条。同年，加入了与螺旋桨同步的射击装置装备于战机。因为马克沁重机枪仍然被大规模地生产，设计师们试图避免大规模的改动，便于其生产组装，所以人们只能靠提高机器各部件的运动速度来达

到预期的改进目标。在一战和内战后，由于经济动荡，材料供应和组织力度的不足，设计工作被迫延期。

1926年5月16日，新枪测试终于开始。1927年3月16日，这种新式机枪被命名为PV-1型机枪，并开始了大规模生产。1928年PV-1开始用于战机上的测试。1931年重新设计后的枪管被用于随后的生产之中，直到1940年为止。PV-1机枪还曾参与过二战，并且作战表现不俗。

士兵正在使用PV-1机枪

DS-39重机枪

口径	7.62毫米	弹容量	250发
全长	1170毫米	枪口初速	800米/秒
枪管长	720毫米	最大射速	1200发/分
重量	14.3千克	有效射程	1000米

DS-39是由瓦西里·捷格加廖夫设计并装备苏军的一种气冷式重机枪。

研发与生产

苏联红军在1930年得到了可以通用轻重两种子弹的马克沁重机枪，同时其他国家也开始推出新的气冷式重机枪。二战前，苏联红军曾经试图用一种轻量化的重机枪来代替部队里原本装备的DP1928轻机枪和M1910马克沁

㊉ 二战时期的DS-39重机枪

水冷重机枪。1939年9月，瓦西里•捷格加廖夫设计了一款重机枪，并命名为DS-39，DS-39的诞生标志着苏联红军的重机枪开始从水冷向气冷转变。但是在随后开始的苏德战争中使用的经验表明，这种气冷式重机枪存在不少问题，比如气动部分容易提前发火、部件强度偏弱、弹头容易丢失等。而且当时几经修改也没有任何成效。于是，苏联最高统帅部下令于1941年6月停止生产DS-39式重机枪。

构造与原理

DS-39重机枪最大的特点就是摒弃了笨重的水套，换成了气冷的散热片，用散热片给枪管提供更大的散热面积。但经过实战检验，增加的这点面积几乎起不到任何作用，而且从生产角度上增加了生产难度和成本，因此不得不快速更换枪管或采用短点射方式以避免长时间连续射击。DS-39加上三脚架和防盾后重量也仅有19.2千克，可以由单兵背着转换阵地，在当时来说，DS-39的设计还是相当先进的。

㊉ DS-39重机枪局部特写

性能与维护

DS-39重机枪既可以使用轮式枪架，也可以使用三脚架。轮式枪架虽然在平原地区转移阵地比较快捷，但是并不适合复杂地形和山地战，轮式枪架在山地战当中甚至不能平稳架枪。但是使用三脚架就可以有效地解决这个问题。不过在实际使用过程当中，也有用轮式枪架上的防盾和三脚架一起使用的情况。防盾是一个很有效的保护射手的方法，重机枪射手的生存率得到了大大提高。

装备与服役

DS-39首先被苏军运用于苏芬战争，后来在对德军作战中，苏军官兵发现此枪的弹链供弹结构经常卡住弹壳，并且操作过于复杂，又频频发生故障，故而不久之后此枪便退役了。

保存至今的DS-39重机枪

装备DS-39的士兵

SG-43重机枪

口径	7.62毫米	弹容量	250发
全长	1150毫米	枪口初速	800米/秒
枪管长	720毫米	最大射速	700发/分
重量	41千克	有效射程	1100米

SG-43重机枪是二战时期苏联军队的制式装备，主要是为了取代老旧的马克沁M1910重机枪，以及增强DP轻机枪组的火力，对付低空飞行目标。

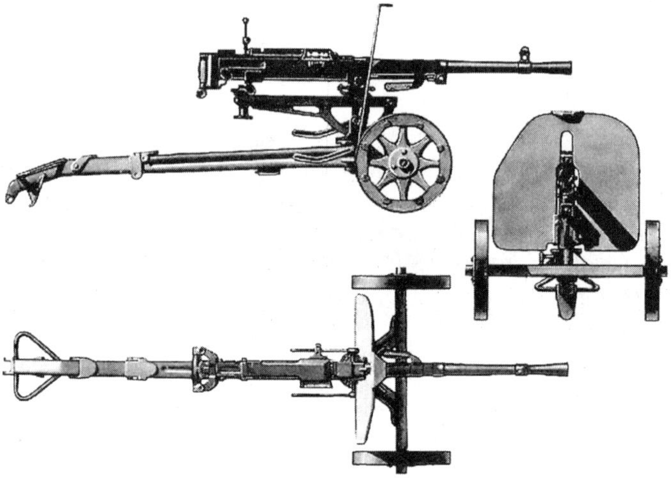

⊕SG-43重机枪三视图

研发与生产

⊕SG-43重机枪（右）与马克沁M1910重机枪（左）

不可否认，马克沁M1910重机枪在一战时期非常优秀，不论是火力密集度，还是枪机可靠性都非常出众。但是，随着科技技术的进步，马克沁M1910的风采逐渐被其他高性能机枪覆盖。二战爆发后，鉴于马克沁M1910已经太过于落后，无法与装备精良的敌军抗衡，苏联军方委托枪械设计师郭留诺夫帮助研发一款“高科技”重机枪。1943年，郭留诺夫不负苏军所望，带来了他的新产品——SG-43重机枪。

构造与原理

SG-43重机枪采用导气式工作原理，闭锁机构为枪机偏转式，机框上的靴形击铁与枪机上的靴形槽相互作用，使枪机偏转，进行闭锁。瞄准装置由圆柱形准星和立框式表尺组成，照门为方形缺口式，上有横表尺，可进行风偏修正。表尺框左边刻度为发射重弹用的分划，右边刻度为发射轻弹用的分划。

SG-43重机枪侧面近景特写

SG-43重机枪局部特写

性能与维护

二战时期的SG-43重机枪小组

战斗中的SG-43重机枪

虽然SG-43重机枪有结构简单、动作可靠、威力大、精度好等优点，但也存在质量较大、携行不便的弊端。此外，该枪的供弹方式是单程输弹、双程进弹。枪弹从拨弹位置到进膛，工作部件要经过前、后两次循环才能完成。第一个循环将枪弹输到取弹口；第二个循环抽、压、推弹入膛。供弹机构之所以比较复杂，其原因是枪弹底缘突出而又必须采用弹链供弹，在当时又以采用封闭式弹链为宜，因而被迫采用单程输弹、双程进弹的供弹机构。

装备与服役

战后军事演习中的SG-43重机枪

SG-43重机枪问世以后，立即装备苏联军队，并投入实战中。在战争临近结束时，苏军把SG-43改进为SGM机枪，两者均作为营级武器配发，并装在苏军装甲输送车上。SG-43使用捷格加廖夫轮式枪架并可安装防盾，SGM配用西多连科马利诺夫斯基框形三脚架，两种枪架均能变换成高射枪架。由于SG-43威力大、精度好，因此二战结束后仍有不少国家使用。

在埃及军队服役的SG-43重机枪

DShK重机枪

口径	12.7毫米	弹容量	50发
全长	1625毫米	枪口初速	850米/秒
枪管长	1070毫米	最大射速	600发/分
重量	34千克	有效射程	2000米

DShK重机枪是捷格加廖夫于20世纪30年代设计的，在二战期间被步兵分队广泛应用于低空防御和步兵火力支援，也在一些重型坦克和小型舰艇上作为防空机枪。

研发与生产

1930年，捷格加廖夫应苏联军方要求设计了一款口径为12.7毫米的重机枪——DK重机枪。1931年，该枪被苏军正式采用，并在1933～1935年期间少量生产。它的整个系统基本上是DP轻机枪的放大型，只是枪弹威力更大。由于它采用的鼓形弹匣供弹具只能装弹30发，而且又大又重，因此战斗射速很低。1938年，DK机枪有了一些改进，主要是换装了斯帕金设计

⇧ 安装在三脚架上的DShK重机枪

的转鼓形弹链供弹机构，有效增加了机枪的实际射速。次年2月，改进后的DK重机枪正式被采用，并重新命名为DShK重机枪。二战后期，捷格加廖夫对DShK重机枪进行了改进，主要是用旋转的弹链式供弹机构代替原来的套筒式动作机构。改进后的新机枪在1946年正式被采用，并重新命名为DShKM重机枪。

安装在坦克上的DShK重机枪

构造与原理

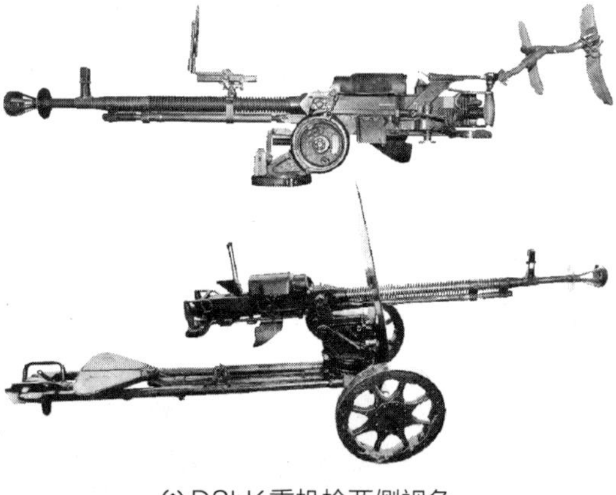

DShK重机枪两侧视角

DShK重机枪采用开膛待击，闭锁机构为枪机偏转式，依靠枪机框上的闭锁斜面，使枪机的机尾下降，完成闭锁动作。自动机系统与DP27轻机枪上的类似，但按比例增大了枪机和机匣后板上的机框缓冲器组件。该枪使用不能快速拆卸的重型枪管，枪管前方有大型制退器和柱形准星，枪管中部有散热环增强冷却能力，枪管后部下方有用于结合活塞套筒的结合槽，上方有框架形立式照门。

战斗中的DShK重机枪

性能与维护

DShK重机枪的导气箍上有气体调整器，用于调整作用于活塞上的气体，以保证复进机有适当的后坐速度。DShKM与DShK基本相同，主要的变化是供弹机构。DShK机枪的供弹机构由拨弹滑板、拨弹杠杆和拨弹臂等组成，受弹机盖呈低矮的方形，这是区别DShKM与DShK的一个明显的外观标志。

二战战地中的DShK重机枪

装备与服役

DShK重机枪在二战时被大量采用，通常装在转轴三脚架作固定防空用途。二战后期，它被装载于坦克、自行火炮等

二战期间苏军的三联装DShK重机枪

㊤一次联合军事演习上的“悍马”战车，其上为DShK重机枪

战车上。DShK也被步兵用作支援用途，装在轮式射架上。DShK被不少国家特许生产，如巴基斯坦、罗马尼亚等。20世纪70年代初期，苏联军队以现代化的KPV重机枪和Kord重机枪取代DShK。

2.4 手　枪

纳甘M1895左轮手枪

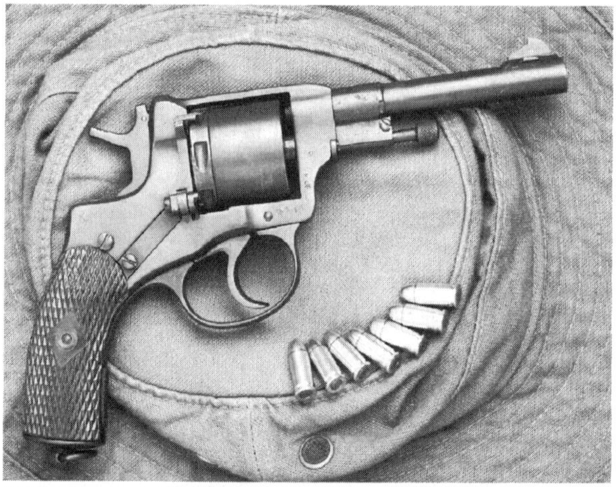

口径	7.62毫米	弹容量	7发
全长	235毫米	枪口初速	272米/秒
重量	0.8千克	有效射程	22米

纳甘M1895左轮手枪是俄国时期由李昂·纳甘设计、图拉兵工厂生产的一款手枪，发射7.62×38毫米R手枪弹，目前仍有少量在俄罗斯警察部队中服役。

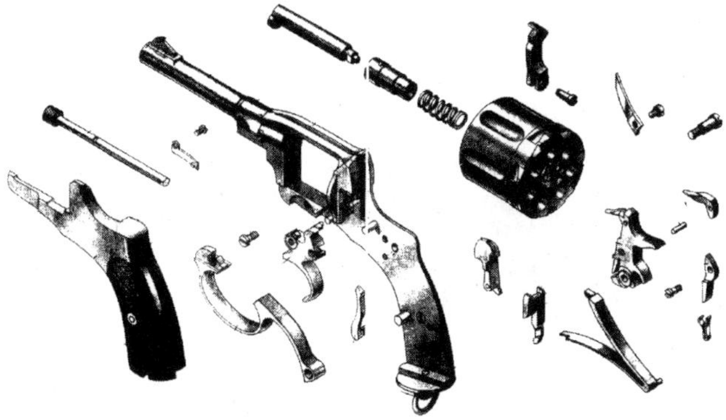

纳甘M1895左轮手枪分解图

研发与生产

因纳甘有着较多的枪械设计经验，且学习了当时欧洲最先进的设计技术和理念，所以在他设计出莫辛-纳甘步枪后不久，俄国陆军和警察部队就要求其协助设计一款便携、可靠的小型自卫武器手枪。在得到该任务后，纳甘将自己所有的经验和技术结合起来，最终于1895年推出了纳甘M1895左轮手枪。

纳甘M1895左轮手枪

构造与原理

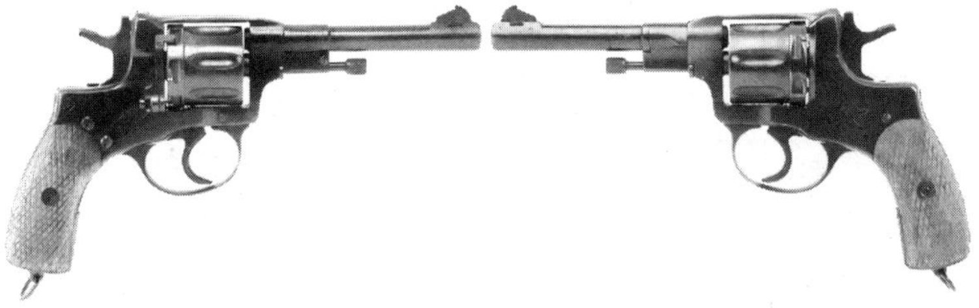

纳甘M1895左轮手枪两侧视角

与大部分左轮手枪的运作原理不同，纳甘M1895采用了特殊的气体密封式设计。在手枪的击锤被拉低后其弹巢会向前移动，同时也封闭了弹巢与枪管之间的空隙，增加了子弹的初速，并容许武器能够被抑制（这种功能在一般的左轮手枪并不常见）。纳甘M1895在重新装填时，用户需手动把弹壳逐一退出，并将新的子弹通过装填口逐一加载到弹巢的各个膛室里。这种装填方式比较费力和费时。

纳甘M1895左轮手枪局部特写

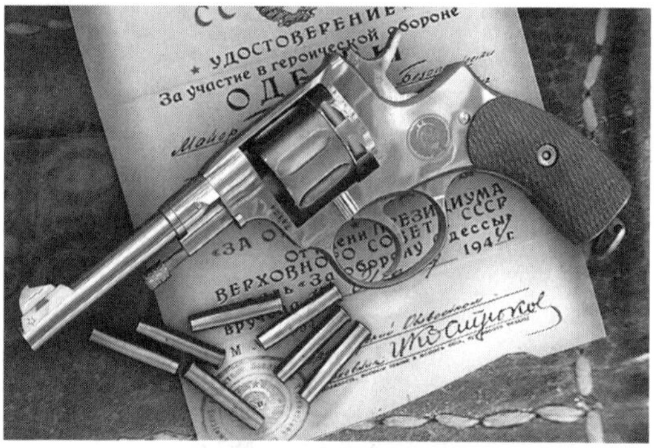

纳甘M1895左轮手枪与采购单

纳甘M1895左轮手枪与枪套

性能与维护

7.62×38毫米R手枪弹的弹头是位于弹壳里面的，而弹壳顶部缺口的直径也略有减少。纳甘M1895的枪管后部具有一个短小的圆锥形部分，用来对应弹药顶部的缺口，以完成气密式的作用。选择7.62毫米口径的原因是为了可以简化生产机器，以便于生产与莫辛-纳甘步枪发射的7.62×54毫米步枪弹相同直径的弹头。

装备与服役

1930年，苏联开始以更现代化的TT半自动手枪取代纳甘M1895。尽管如此，大量的纳甘M1895在二战期间仍然被生产出来，并装备苏联红军，直到二战结束。1952年，苏联完全列装PM半自动手枪时，纳甘M1895才开始退出苏军前线部队。

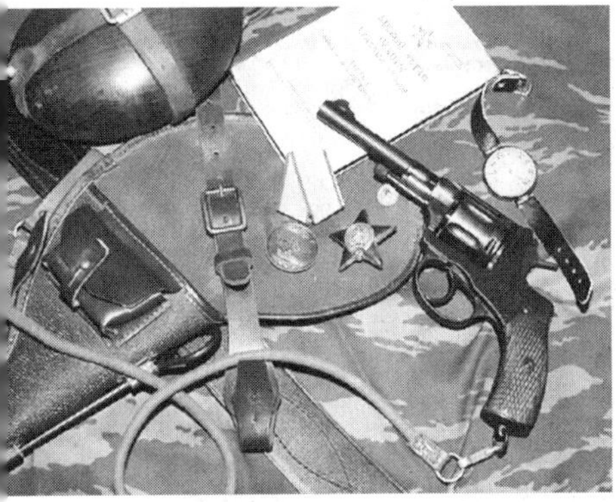

纳甘M1895左轮手枪与各种军需品

量产型纳甘M1895左轮手枪

TT半自动手枪

口径	7.62毫米	弹容量	8发
全长	194毫米	枪口初速	480米/秒
重量	0.854千克	有效射程	50米

TT半自动手枪是苏联枪械设计师托卡列夫设计的，主要用于取代纳甘M1895左轮手枪，在二战中被苏军广泛采用。

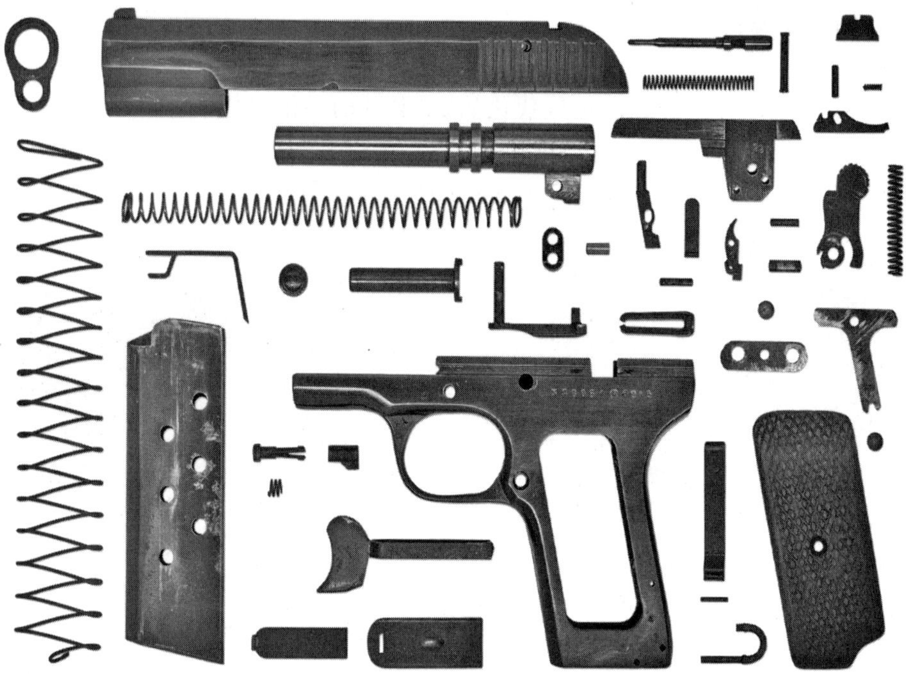

TT半自动手枪分解图

研发与生产

空仓挂机状态的TT半自动手枪

1930年，托卡列夫设计了一款新型手枪，即TT-30手枪。此枪一出，便赢得了众多士兵的喜爱，于是被选中成为能替代国外手枪的新型手枪。TT-30手枪使用7.62×25毫米口径手枪子弹，在外观和内部机械结构方面，与FN公司的M1903有异曲同工之妙。TT-30在开始投产后简化了一些设计，如枪管、扳机释放钮、扳机及底把等，以便于生产，这种改进型名为TT-33。

构造与原理

TT半自动手枪采用枪管短后坐复进原理，闭锁方式属于枪管起落式，击发机构为击锤回转式，发射机构为单发式。全枪由枪管、上节套、下节套、复进装置、扳机部、弹匣所组成。发射时，在火药气体压力作用下，枪管与套筒一起后坐；又由于铰链下端固定在套筒上，所以使其上端向后转动，枪管下移，枪管后上方的两条闭锁突筋脱离套筒上的凹槽，枪管与套筒分离，完成开锁。然后，枪管停止后坐，而套筒继续向后，完成抽壳、抛壳、压倒击锤等动作。

TT半自动手枪两侧视角

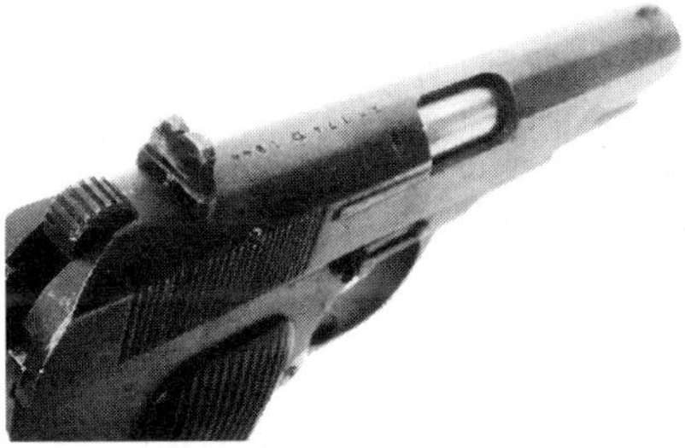

TT半自动手枪局部特写

性能与维护

TT半自动手枪的握把为立式，两侧的镶板通过内侧的T形、矩形定位片固定在握把框架上，外侧表面有纵向防滑刻纹，中部有“五星徽章”和表示苏联的“CCCP”标志，瞄准装置由固定式觇板准星和U形缺口式照门组成。由于威力大、精度高、穿透力高，以及结构简单、紧凑，TT半自动手枪被苏军官兵称为忠实的伙伴，在苏联卫国战争中立过不少“战功”。

TT半自动手枪与弹匣

TT半自动手枪与PPS冲锋枪

装备与服役

苏军士兵与TT半自动手枪

TT半自动手枪曾参与了苏芬战争，在随后的二战中成为苏联红军的主要配备。苏联以及其他华约国家生产了大量这种手枪。1954年苏联停止了TT半自动手枪生产后，便把设备卖给多个友好国家，并允许他们进行仿制，有些国家至今仍在生产及采用仿制品。20世纪80年代，TT仍在多个国家的军警中服役或用作储备（包括俄罗斯及乌克兰）。目前，因其低廉的成本，使不法分子容易从黑市中购得，另外也可能与苏联在冷战期间大量对外输出武器有关，TT-33已成为一款广被犯罪组织及恐怖组织使用的枪支。

现代射击爱好者使用TT半自动手枪

科罗温手枪

口径	6.35毫米	弹容量	8发
全长	127毫米	枪口初速	228米/秒
枪管长	67.5毫米	瞄准镜	机械瞄具
重量	0.423千克	有效射程	25米

科罗温手枪是苏联研制及生产的一种紧凑型半自动手枪，是苏联建国后研制的第一款手枪。

研发与生产

苏联枪械设计师谢尔盖·科罗温于1922年在图拉兵工厂研制了一款发射7.65毫米口径枪弹的军用半自动手枪，但由于这枪的结构过于复杂和过于笨重，所以并没有取得成功。1925年，科罗温应来自苏联政府资助的迪纳摩体育组织的新要求，研制一款发射6.35毫米口径枪弹的袖衫型手枪，并提供给平民用作运动及防身用途。

黑色涂装的科罗温手枪

一年后，科罗温完成了他的设计，新枪在年末随即在图拉兵工厂展开生产，后来此枪在被官方采用后被命名为“TK科罗温手枪，1926年型”。大部分的科罗温手枪只提供给苏联红军的军官和国家的重要级人物用作自卫武器。

构造与原理

科罗温手枪是一款以反冲作用运作的半自动手枪，其扳机为单动式设计。保险装置位于手枪左边并在火控组上面；弹匣是单排式设计，里面可装8发枪弹，弹匣释放钮位于握把下方。握把护板以黑色塑料制成，并印有“TO3”（图拉兵工厂）的标志，但另有木制的握把护板可供选择。在20世纪30年代初期直至生产结束时生产的科罗温手枪握把螺丝改成TT手枪的弹簧锁；机械瞄具改为固定式。

⊕ 在图拉国家博物馆展出的科罗温手枪

⊕ 雕刻版科罗温手枪

2.5 弹　药

7.62×25毫米手枪弹

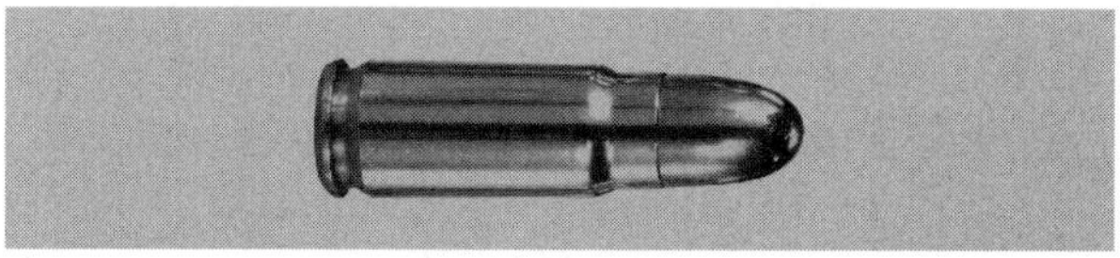

弹头直径	7.87毫米	底缘直径	9.95毫米
弹颈直径	8.48毫米	弹壳长度	25毫米
壳底直径	9.83毫米	全长	34毫米

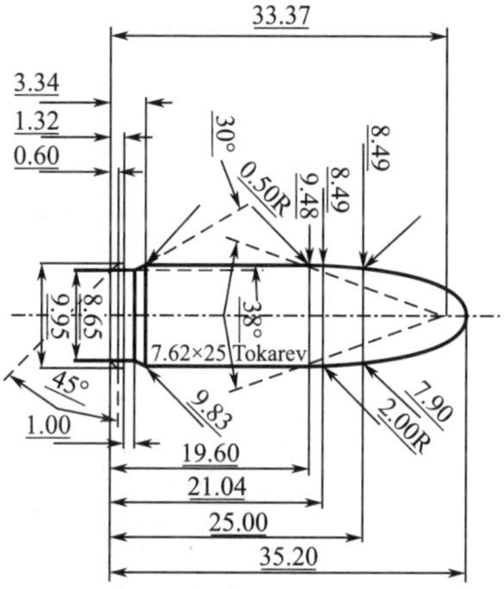

⊕ 7.62×25毫米手枪弹结构示意图（单位：毫米）

7.62×25毫米手枪弹又称7.62毫米托卡列夫手枪弹，是苏联枪械设计师托卡列夫以德国7.63×25毫米毛瑟弹为基础改进而来的。1930年，7.62×25毫米手枪弹首先在TT-30半自动手枪上使用，在二战中广泛使用于TT系列半自动和PPSh-41、PPS等冲锋枪上。战后，此弹成为原华约国家和社会主义阵营的制式枪弹，使用范围很广，捷克斯洛伐克、波兰、匈牙利等国都大量生产装备过。7.62×25毫米手枪弹采用无突缘式瓶形弹壳，由于制造国家不一样，有采用黄铜材料的，也有用覆铜钢和涂漆钢等材料的。底火一般为伯尔丹式，但西方国家生产的民用弹采用的是博克赛式底火。

⊕ 7.62×25毫米手枪弹

⑥ 7.62×25毫米手枪弹与TT半自动手枪的改进版TTC

7.62×38毫米R手枪弹

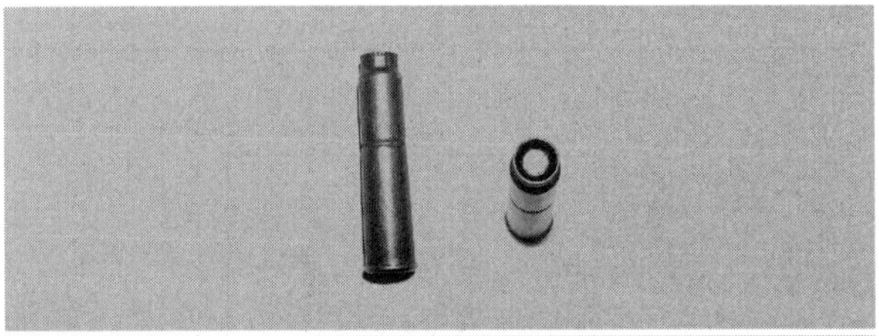

弹头直径	7.493毫米	底缘直径	9.855毫米
弹颈直径	7.26毫米	弹壳长度	38.86毫米
壳底直径	8.94毫米	全长	38.86毫米

⑥ 7.62×38毫米R手枪弹与包装盒

⑥ 纳甘M1895左轮手枪与7.62×38毫米手枪弹

7.62×38毫米R手枪弹又称7.62纳甘手枪弹，是一种独特的弹药，专为纳甘M1895左轮手枪而设计。该弹的发射药就在弹丸下，凹面弹丸发射后，在高速运动的过程中会被空气推成尖头（能显著增加枪口初速）。此外，正如上文所说，该弹之所以选择7.62毫米口径，主要是为了便于统一生产，因为莫辛-纳甘步枪也是7.62毫米口径。

7.62×54毫米R步枪弹

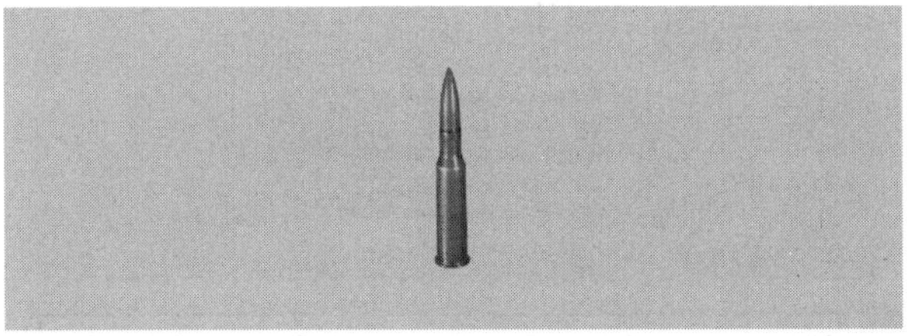

弹头直径	7.92毫米	底缘直径	14.48毫米
弹颈直径	8.53毫米	弹壳长度	53.72毫米
壳底直径	12.37毫米	全长	77.16毫米

⊕ 7.62×54毫米R步枪弹

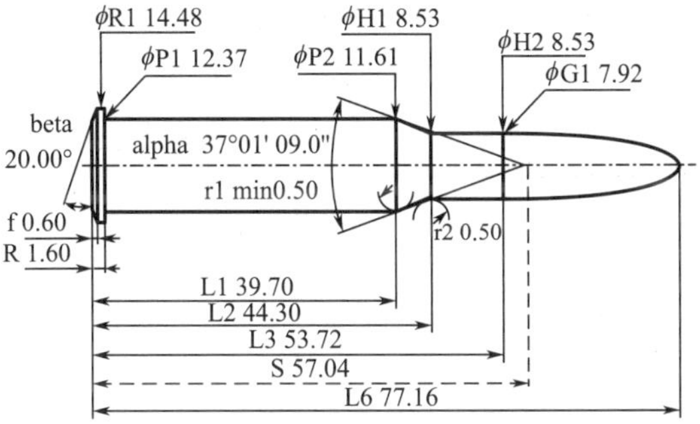

⊕ 7.62×54毫米R步枪弹结构示意图（单位：毫米）

7.62×54毫米R步枪弹又称7.62 Russian，研发于1891年，当时主要用于莫辛-纳甘步枪。7.62×54毫米R步枪弹性能和美国春田.30-06子弹相差无几，理论上有效射程都在1000米左右。该弹还有一个特性，就是大部分的现役弹壳是用钢制的，而非一般黄铜弹壳。钢制弹壳成本优势非常明显，拥有更好的刚性不易变形，在快速运转的机枪供弹系统中可靠性不错。钢壳在受热后膨胀较轻，再加上该子弹弹壳锥度比较大，使得抽壳阻力较低，可在一定程度上提高自动武器工作可靠性。不过，钢壳也有一定副作用，例如对枪械磨损较大，并且对一些脆弱的部件（比如抛壳机构）冲击性强，对武器整体寿命有影响。

⊕ 莫辛-纳甘M1891/30步枪与7.62×54毫米R步枪弹

12.7×108毫米反器材步枪弹

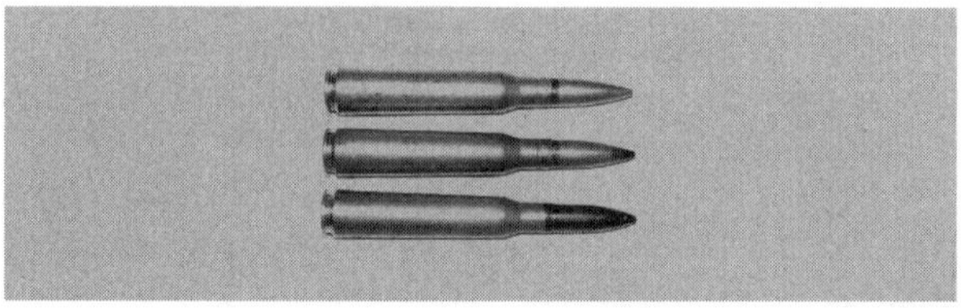

弹头直径	12.98毫米	底缘直径	21.7毫米
弹颈直径	13.95毫米	弹壳长度	108毫米
壳底直径	21.75毫米	全长	147.5毫米

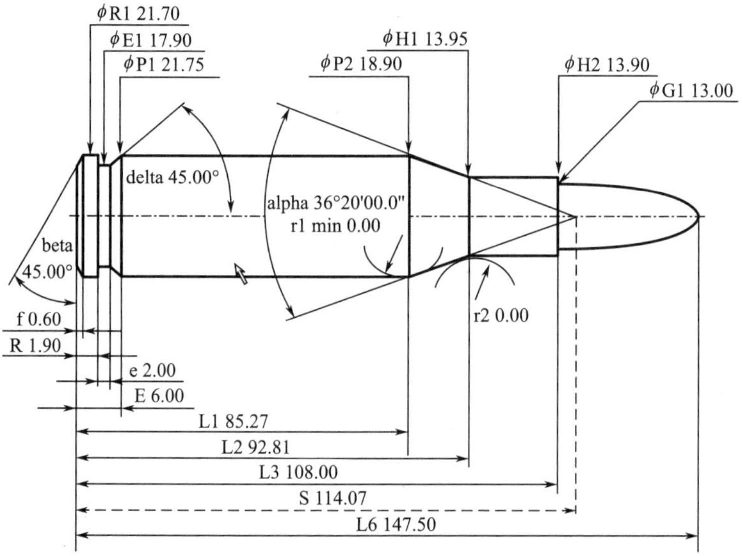

⊕ 12.7×108毫米反器材步枪弹结构示意图（单位：毫米）

12.7×108毫米反器材步枪弹从20世纪30年代开始在苏联服役，这种子弹最开始是被用作反坦克，之后被更大威力的14.5×114毫米反器材步枪弹所取代。同美国的.50 BMG枪弹相比，12.7×108毫米在装药量上多20%以上，因此动能较大一些。在战场上，该弹可以用来对付多种不同的目标，并会破坏没有装甲的载具、贯穿轻装甲类载具、损坏诸如坦克外部辅助设备。相比而言，.50 BMG枪弹只能够对坦克的装甲造成小型凹痕，无法造成更大的破坏。

⊕ 7.62×54毫米R步枪弹、12.7×108毫米反器材步枪弹与成人手掌大小对比

14.5×114毫米反器材步枪弹

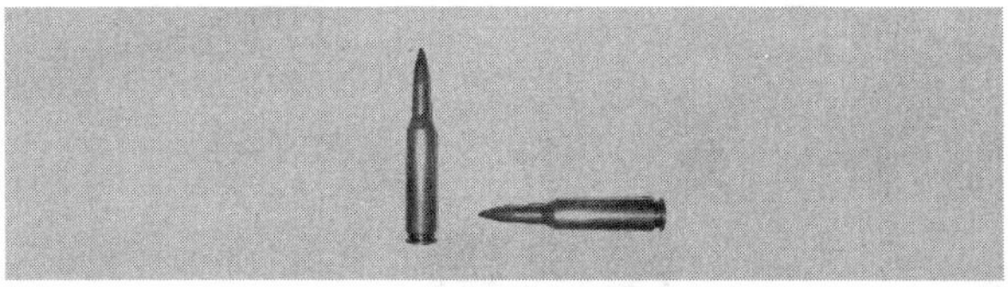

弹头直径	14.88毫米	底缘直径	26.95毫米
弹颈直径	16.5毫米	弹壳长度	114毫米
壳底直径	26.95毫米	全长	155.8毫米

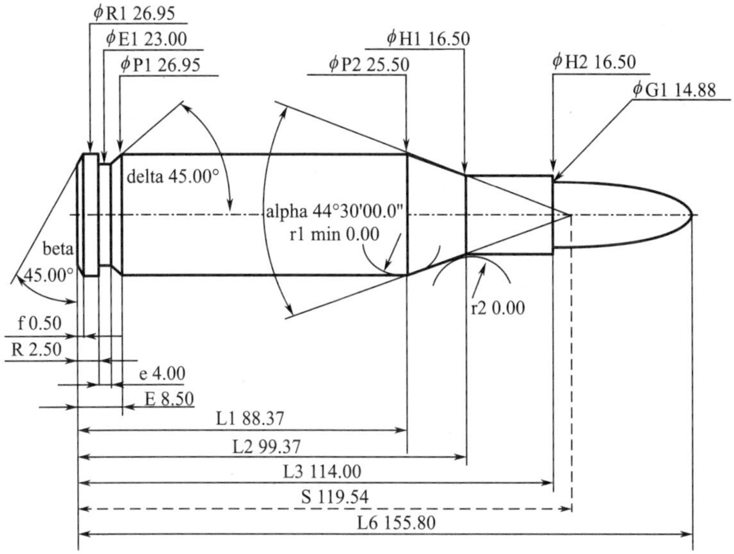

⊕ 14.5×114毫米反器材步枪弹结构示意图（单位：毫米）

14.5×114毫米反器材步枪弹是苏联于1939年开发的重机枪及反坦克步枪子弹，原本用于PTRD-41、PTRS-41，后来也成为KPV重机枪（1949年开始在苏联军队服役）的弹药。时至今日，该弹仍然是俄罗斯及其他采用苏式武器国家的主要弹种之一。14.5×114毫米反器材步枪弹主要弹种有穿甲燃烧弹（API，另有一种碳化钨弹芯弹）和燃烧曳光弹（主要用于目标指示），后坐力强劲，威力足以在100米处击穿35毫米钢板（碳化钨弹芯弹更强），可以对付二战初期各种坦克，后来主要用于对付敌军轻型装甲车辆。

第3章

单兵芒刃

——非枪械类武器

碎石横飞的战地中，步兵除了需要坦克掩护、火炮支援，以及步枪、冲锋枪等单兵武器的武装之外，还需要其他各种辅助武器装备，例如手榴弹、刀具以及防弹衣等。二战期间，为全方面武装士兵，苏联开发了各种各样的武器装备，这些大大增强了单兵作战能力。下面，我们将带您走近二战中的苏联，一睹单兵武器的风采。

3.1 手榴弹

M1914手榴弹

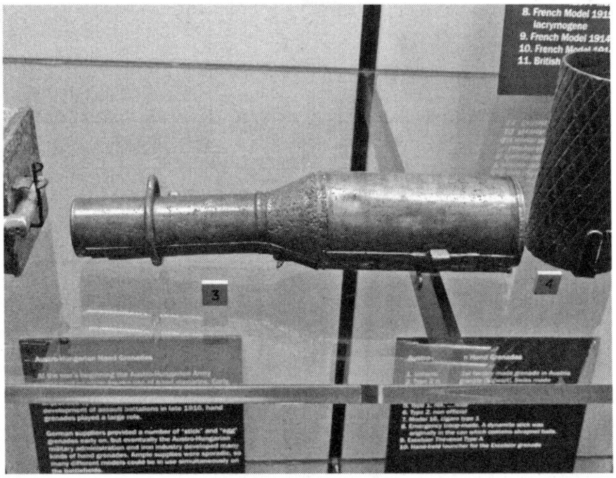

全长	235毫米	装药类型	TNT
直径	45毫米	引爆时间	4～5秒
M1914重量	500克	M1914/30重量	590克

M1914手榴弹是苏军在一战至二战期间都曾使用过的一种单兵武器。苏联在卫国战争初期使用的是M1914/30式手榴弹，这是沙俄在一战中广泛使用的M1914手榴弹改进型号。

M1914/30式手榴弹采用钢板冲压成型的弹体，装填的是梯恩梯（TNT）炸药，同样的，在战时TNT炸药短缺的情况下也曾经采用过硝铵炸药。该弹在弹体外加装一个破片套，这点跟德国的M-24手榴弹有着异曲同工之妙。

保存至今的M1914手榴弹

F-1手榴弹

全长	130毫米
直径	55毫米
总重	600 克

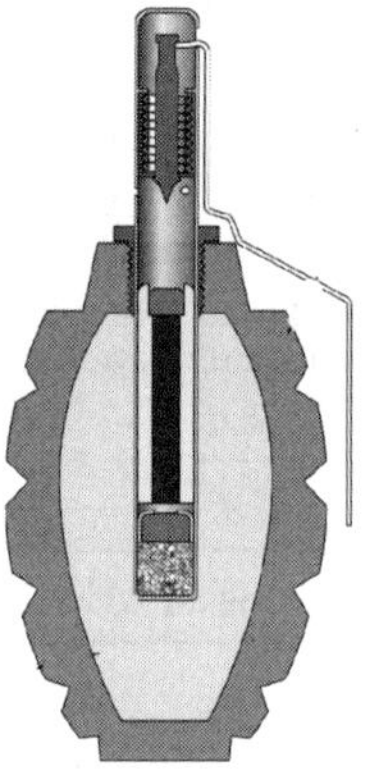

⊕ F-1 手榴弹剖视图

F-1是苏联于二战期间设计的反人员破片手榴弹，又名“柠檬”手榴弹，虽然已停产，但由于制造数量众多，目前在战场上仍有出现。

⊕ F-1 手榴弹

与当时其他国家的防御手榴弹结构基本相同，F-1也是由三大部分即引信、装药和弹体组成。弹体为铸造出的长椭圆形，表面有较深的纵横刻槽，底部是一个平面。F-1手榴弹因采用引信不同，可分为早期型和后期型。早期的F-1使用克凡什尼科夫引信，也称K型引信。在RG-42手榴弹出现后，F-1又开始使用 UZRGM引信，这两种引信是苏联后来多种无柄手榴弹通用的引信。

苏军士兵（手拿“波波沙”冲锋枪，腰间挂有3颗F-1手榴弹）

RGD-33手榴弹

全长	130毫米
直径	55毫米
总重	600克

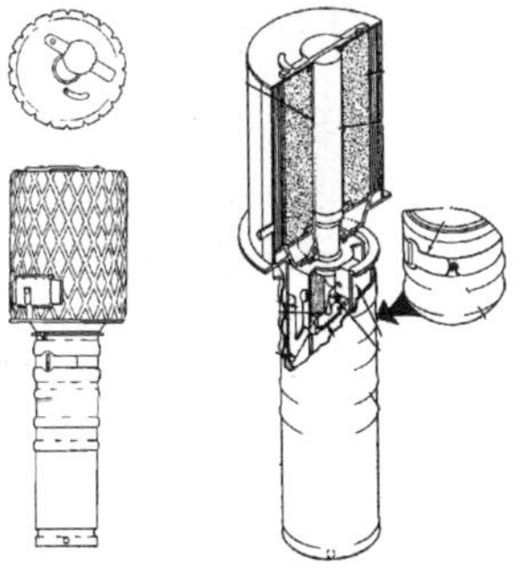

RGD-33手榴弹剖面图

由RGD-33手榴弹制成的集束炸弹

苏军士兵正在投掷RGD-33手榴弹

RGD-33是一种著名的有柄手榴弹，苏联在二战中大量装备使用过。F-1手榴弹大量投产后，该手榴弹逐步停止了生产和使用。

RGD-33手榴弹的弹体内置一层薄破片套，爆炸时会产生一定量的破片，在一定范围内飞散杀伤，多作为进攻型手榴弹使用。而进一步安装可拆卸的外置重型破片套后，破片数量和质量会大幅提高，而杀伤范围也变大许多，多用于防御。此时投掷后要注意隐蔽，防止被破片所伤。

由于RGD-33使用方法过于复杂（这种手榴弹本身的设计是为了保证安全，而复杂的操作对不熟悉它的人反而很危险）和难以生产，故在德国入侵苏联后，后者便设计出比RGD-33更便于生产且体积更小的RG-42。

RG-42手榴弹

全长	130毫米
直径	55毫米
总重	420克

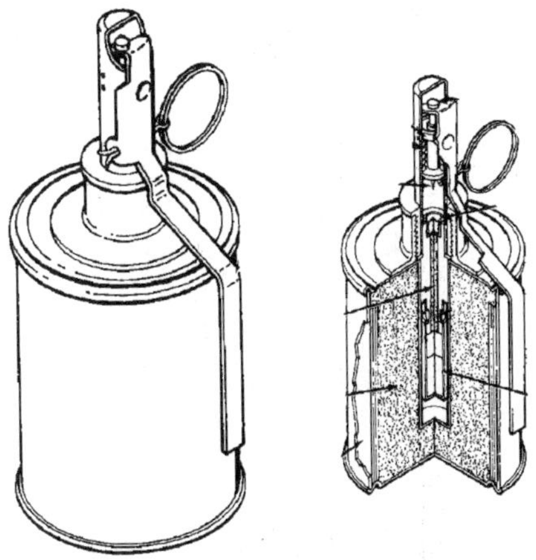

RG-42手榴弹剖面图

二战遗留下来的RG-42手榴弹

RG-42是苏联在二战期间紧急开发的手榴弹，目的是为了取代RGD-33手榴弹。该手榴弹的独特之处在于不再使用铸铁弹体，而是用薄铁板冲压而成。当时世界上大多数手榴弹还在使用铸铁弹体，该手榴弹的工艺可谓独特而先进。它的外观为圆柱形，分上盖和弹体。上盖中心部位压接有一引信座，引信座内加工有螺纹，引信通过引信座旋入弹体。如果去除引信的话，看起来酷似一个军用罐头。

分解后的RG-42手榴弹

RG-42手榴弹的圆柱形罐子内装有大约200克TNT炸药，连UZRGM引信及保险丝共重420克。该手榴弹大约可以投掷到35～40米的距离，其有效的爆炸范围大约是10米。由于该手榴弹的弹体为圆柱形，加上弹体过于光滑，握持时不顺手，如果投掷的士兵手出汗或者在潮湿环境下容易出现脱手的危险。

RPG-40反坦克手榴弹

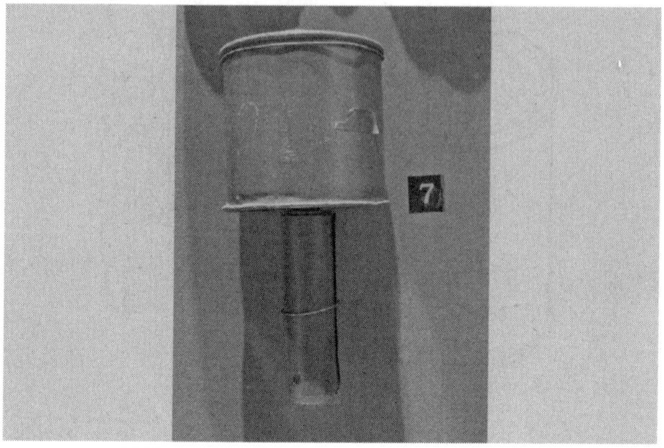

全长	200毫米	装药类型	TNT
直径	45毫米	重量	1.22千克

RPG-40反坦克手榴弹的外形酷似一个装了握柄的铁皮罐头，其弹体就是用金属薄板卷边咬合加工而成的，生产工艺非常简单。RPG-40在使用前需要打开弹体顶端的引信管室盖，将引信管火帽朝下插入引信管室装到位，然后盖上引信管室盖，此时手榴弹就进入了战斗状态。在弹体的底部有连接握柄的连接螺套，握柄通过该螺套与其连接。握柄也是用薄铁皮卷制而成，手榴弹的起爆装置就装在握柄内。

RPG-40内装200克TNT炸药，无空心装药结构，完全靠集团装药的爆炸力破坏目标，因此破甲能力比较低。这种破甲威力在对付二战初期德军的二号、三号早期型坦克时尚有威胁，但是随着坦克装甲厚度的提升，靠这种武器打击坦克就勉为其难了。因此，到战争后期这种手榴弹主要用来消灭土木工事、火力点和集群有生目标，作为一种超大威力爆破手榴弹使用。

RPG-40反坦克手榴弹内部构造图

保存至今的RPG-40反坦克手榴弹

RPG-43反坦克手榴弹

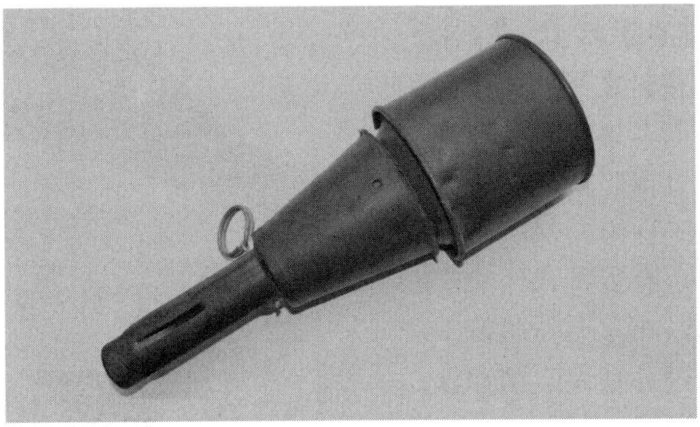

全长	300毫米	装药类型	三硝基苯酚
直径	95毫米	破甲深度	75毫米
重量	1.2千克	填充重量	610克

RPG-43反坦克手榴弹是世界上最早成功采用聚能破甲原理的手榴弹。

研发与生产

RPG-43是苏联于二战中研制生产的反坦克手榴弹，是苏军在二战期间广泛装备的单兵武器之一。RPG-43曾经在卫国战争中使用过，也曾经出口过很多国家。目前该武器已经从部队撤装，但在一些第三世界国家的内战中还能看到，对一些没有装甲或者装甲较薄的车辆仍有威胁。

⊕ 存放在博物馆内的RPG-43反坦克手榴弹

⊕ RPG-43反坦克手榴弹侧方视角

构造与原理

比起普通的手榴弹，RPG-43内部击针和雷管之间用击针簧隔开，雷管底部有螺纹和结合螺衔接，雷管通过保险销和定位片固定，构成平时保险。保险罩和布尾托盘之间压有保持弹体稳定飞行用的布尾，布尾用布尾簧压紧，保险罩通过外插保险销和保险片与木柄之间互相固定。

使用RPG-43时，需要握住保险片，拔出外插保险销之后用力投出手榴弹，出手后保险片脱落，保险罩失去保险片和外插保险销的固定，被伸展的布尾簧向后弹出将布尾拉伸，起到使弹体稳定飞行的作用。当弹体撞击目标时，雷管因为惯性作用，压迫击针簧撞击击针，发火引爆弹体装药，在炸药轰爆作用下药型罩形成金属射流击穿装甲。

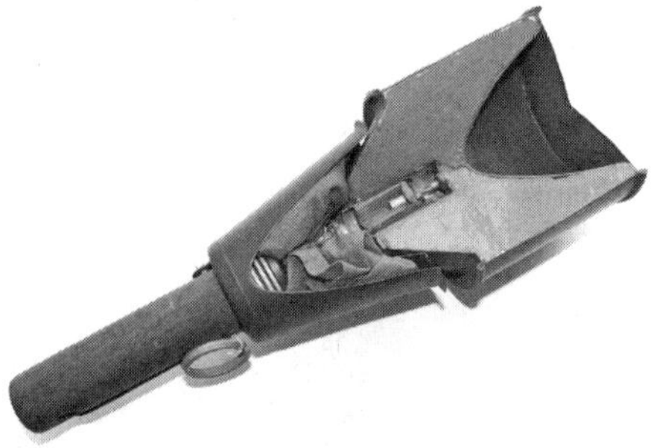

RPG-43手榴弹内部构造

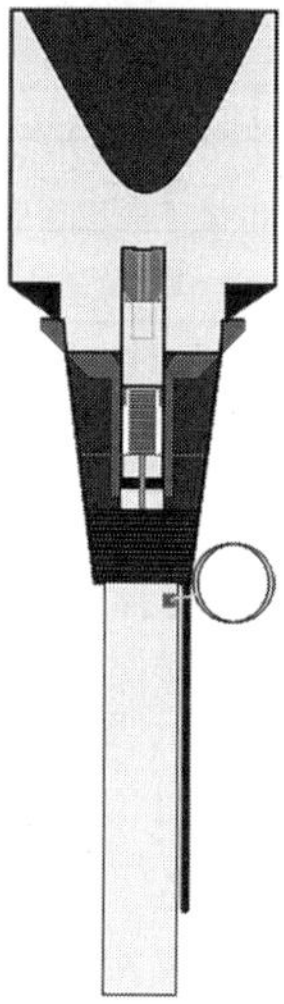

RPG-43手榴弹示意图

性能与维护

RPG-43反坦克手榴弹的体积和重量都很大，因此投掷时需要很强的臂力。体力一般的士兵投掷距离大概在15～20米左右，由于投掷距离较近且爆炸威力巨大，因此士兵在投掷后必须要进行隐蔽保护措施。RPG-43手榴弹的破甲深度不高，因此在二战后苏军便将其淘汰，采用RKG-3反坦克手榴弹。

RPG-43反坦克手榴弹上方视角

装备与服役

在二战中，RPG-43除了打坦克，还用于炸土木工事及杀伤敌军，因此在战争后期的阵地防御战和短促出击拔点作战中，RPG-43成为了士兵最受欢迎的杀敌利器之一。

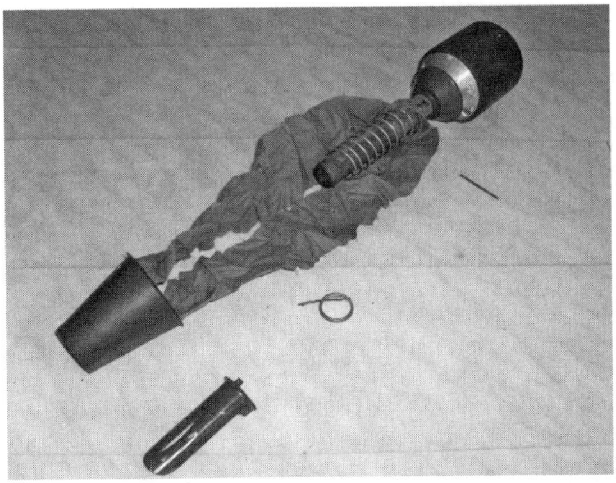

RPG-43反坦克手榴弹不完全分解图

RPG-6反坦克手榴弹

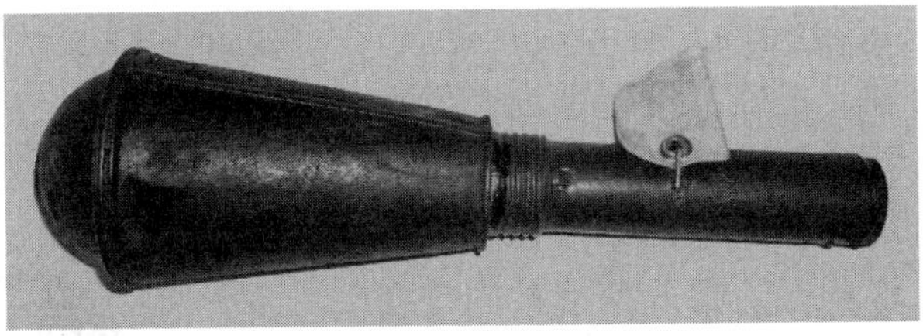

全长	337毫米	装药类型	TNT
直径	103毫米	破甲深度	100毫米
重量	1.1千克	填充重量	570克

RPG-6是苏联于二战后期在RPG-43反坦克手榴弹的基础上改良发展而成的一种反坦克手榴弹。

研发与生产

RPG-6反坦克手榴弹是用来替换RPG-43的改进型号，其最大的改进就是优化了空心装药结构和药型罩形状，在弹体前部加装了半球形风帽，既减小了飞行阻力，又保证了炸高，因此在装药量比RPG-43略少的情况下，破甲能力却有所提高。RPG-6在推出之后，由于其出色的性能，被大量生产。除了苏军外，RPG-6反坦克手榴弹还装备过华约集团的其他国家，并在战后很长一段时间仍然被许多国家使用。

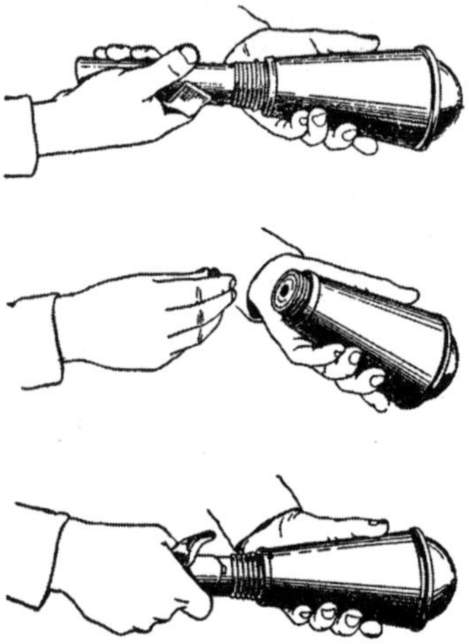

⊕ RPG-6反坦克手榴弹使用步骤

构造与原理

RPG-6反坦克手榴弹由弹体、发火装置和握柄三部分组成。其弹体为一个圆锥体和一个半球状头部的结合，材料为薄铁皮，接缝处为简单的卷边咬合，生产工艺比较简单，加工要求不高。弹体底部用螺纹和握柄相连接，发火装置就装在握柄内。在握柄的外面有一个片状的保险握片，用一个带帆布条的保险插销与弹体连接。

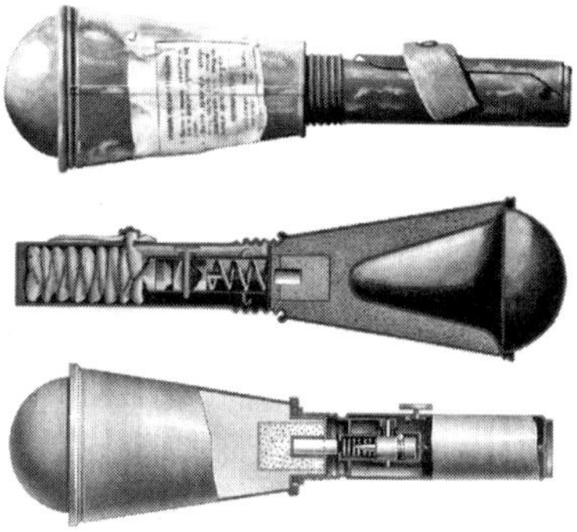

⊕ RPG-6反坦克手榴弹结构图

RPG-6反坦克手榴弹的发火装置采用惯性击针击发原理，在平时，击针被保险销固定，不能触发雷管。保险销连接在保险握片上，只要保险握片脱落，保险销也会一同脱落。保险握片一端和底盖连接，固定在握柄底部，在底盖下握柄内部卷有用来保持飞行稳定用的帆布带。保险握片的另一端通过带有帆布条的外插保险销固定在握柄上。这样保险握片两端被固定在握柄上，由此保险销也被固定，销住击针，构成了手榴弹的平时保险。当手榴弹撞击目标后，击针在惯性作用下向前冲，压缩隔离簧刺发雷管，从而引爆手榴弹，通过弹体装药前方的钢板冲压药型罩形成的金属射流击穿装甲。

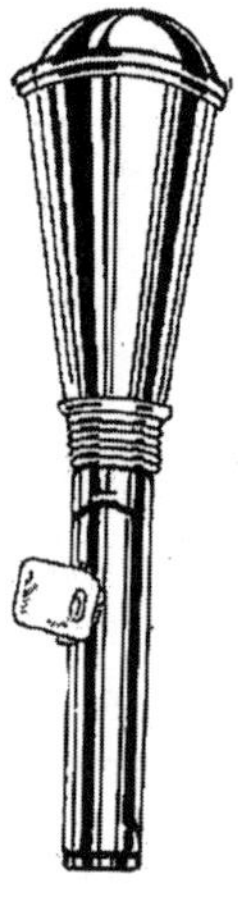

⊕ RPG-6反坦克手榴弹示意图

性能与维护

RPG-6反坦克手榴弹体积小、重量较轻，威力又比RPG-43反坦克手榴弹大，在二战中是苏军性能最好的反坦克手榴弹。除了破甲作用外，RPG-6的破片杀伤效果也较明显，所以也可以当作大威力杀伤手榴弹使用。

3.2 其他武器

NR-40格斗刀

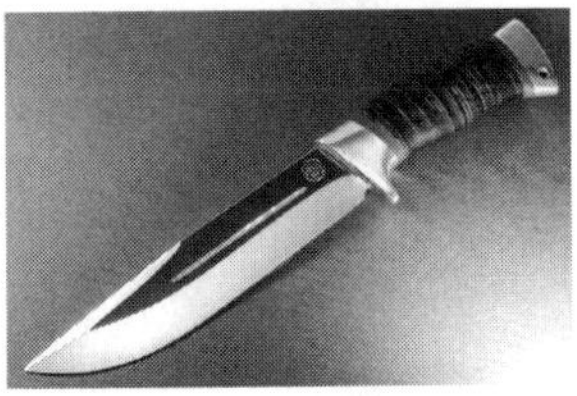

NR-40格斗刀

NR-40格斗刀是二战时期苏联军队使用的一款刀具，通常装备坦克乘员、飞行员和其他在野外执行特殊任务的战斗人员。该刀的前身是一款名为puukko的樵夫用具，它是由芬兰一个小型刀具公司打造的。冬季战争爆发后，puukko被芬兰军方看中，随即少量装备战斗人员。之后，苏联在战场上通过各种方法获取了不少puukko，并对其进行再加工，最终形成了NR-40格斗刀。

苏军坦克员（最右边的腰间挂有NR-40格斗刀）

PE型瞄准镜

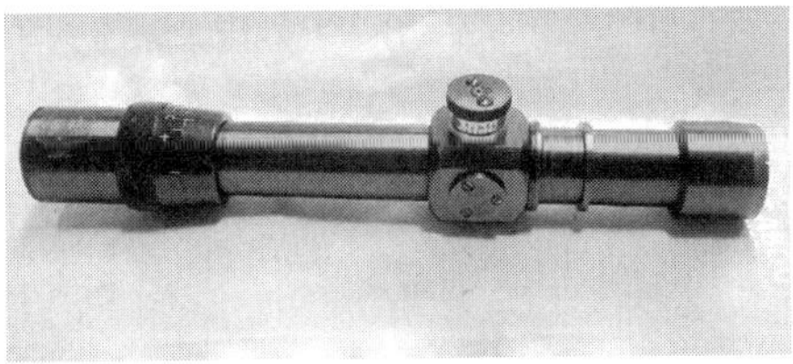

PE型瞄准镜

PE型瞄准镜是为狙击版莫辛-纳甘步枪打造的。它的目镜焦距80毫米，视场5度，分划为1～14，每个分划100米，对应于100～1400米的瞄准距离。瞄准镜的放大倍率为4倍，物镜直径30毫米。配用PE型瞄准镜的莫辛-纳甘狙击步枪重4.6千克，而配用结构较简单、体积较小、重量较轻的PU型瞄准镜时，全枪重4.27千克。

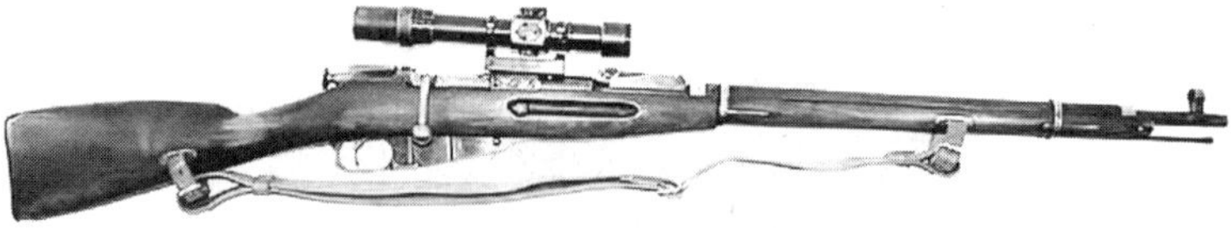

安装了PE型瞄准镜的莫辛－纳甘M1891/30步枪

莫辛－纳甘M1891/30步枪上的PE型瞄准镜特写

PU型瞄准镜

PU型瞄准镜很坚固，放大倍率为3.5倍，长169毫米，重270克，采用简单的欧洲式三柱分划。风偏调整螺在镜体左侧，刻度从+10到–10；高低调整螺在镜体上方，瞄准镜架安装在机匣左侧。PU型瞄准镜也适用于多种重型武器，包括14.5毫米机枪、12.7毫米机枪，有些用于重机枪的瞄准镜的射程距离可调到2200米。

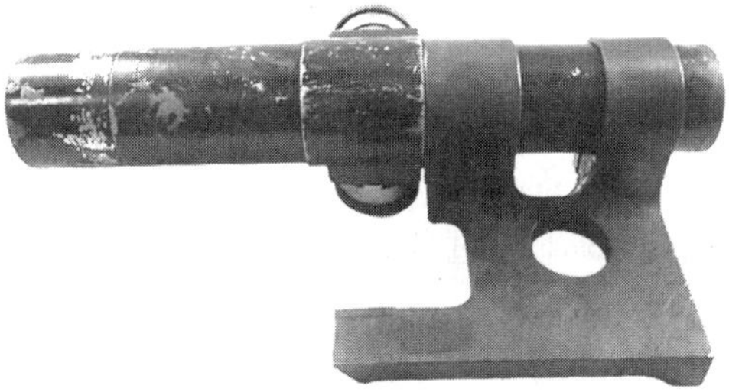

PU型瞄准镜

安装了PU型瞄准镜的莫辛－纳甘M1891/30步枪

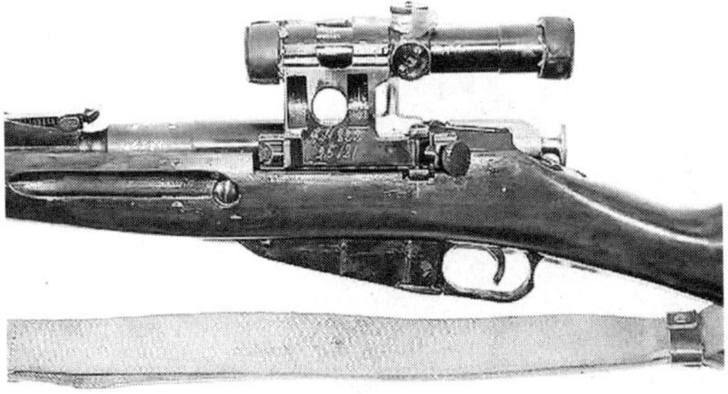

莫辛-纳甘M1891/30步枪上的PU型瞄准镜特写

ROKS火焰喷射器

ROKS火焰喷射器

二战中，苏联使用的火焰喷射器主要有ROKS-2型和ROKS-3型两种，ROKS-3型是在ROKS-2型的基础上改进而来的。

1939年，苏联对早期T型火焰喷射器进行了改进，设计出了ROKS-1型火焰喷射器。由于ROKS-1型存在点火器不完善、减压阀作用力小、射击协调差等缺点，因此又在其基础上改进出ROKS-2型火焰喷射器。ROKS-2型装备时间不到两年，便于1942年被改进型ROKS-3所取代。ROKS-3型将ROKS-2型的扁平形油瓶改成圆柱形，并改进了击发机构。ROKS型火焰喷射器在二战中发挥了很大作用，服役时间也较长，一直到20世纪50年代末尚在一些国家服役。

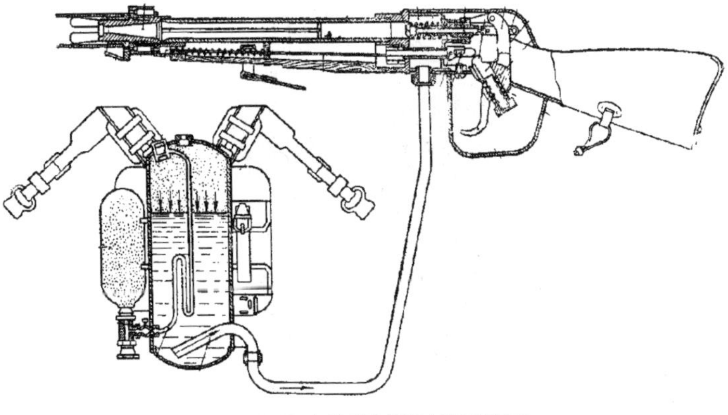

ROKS火焰喷射器结构示意图

㊉苏军士兵背负ROKS火焰喷射器执行任务

ROKS-2型和ROKS-3型火焰喷射器的结构基本相同，由油瓶、压缩空气瓶、减压阀、输油管、喷枪和背具组成，其中喷枪类似于步枪，枪体较长并有枪托。ROKS-2型战斗全重22千克，装油量9升，靠压缩空气使燃料喷出，持续时间达6～8秒。ROKS-3型战斗全重23千克，装油量10.5升，能做6～8次的短促喷射和一次连续喷射，喷射距离35米左右。ROKS-2型的油瓶和压力瓶均为扁平形，压力瓶较大；ROKS-3型的油瓶和压力瓶改成圆柱形，压力瓶较小。连接油瓶和喷枪的输油软管有时会破裂，是火焰喷射器的薄弱环节。

㊉苏军士兵在雪地中使用ROKS火焰喷射器

SN-42防弹衣

㊉SN-42防弹衣

二战时期，苏联组建了20多个突击工兵旅，而SN-42防弹衣是这个精锐兵种的标志之一。突击工兵的主要任务是火线排雷、爆破及清障，也参与攻击坚固防御阵地，SN-42防弹衣则是工兵执行此类任务的最有效防御。有明确的记录指出，SN-42防弹衣可以在10米左右距离上挡住德国“鲁格”P08手枪的射击。

身穿SN-42防弹衣的苏联士兵

反坦克犬

反坦克犬，也称犬地雷，是在训练过的军犬上捆绑炸药，让它们跑到敌方的坦克底下，然后引爆炸药来破坏坦克。

反坦克犬示意图

苏军阅兵式上的反坦克犬

二战期间，苏联曾利用反坦克犬来对抗德军的坦克。不幸的是，由于苏军采用在己方坦克放置食物的方法来训练军犬，导致在战时这些军犬会偏好接近己方坦克。此外，反坦克犬在战场上会造成敌我不分的伤亡。1942年，因反坦克犬造成苏联坦克师被迫撤退后，反坦克犬就不再被使用。

战争中，德军得知苏联使用反坦克犬作为反坦克武器后，在东线战场上开始射杀所有能见的犬只。战后，因反坦克方法的进步，反坦克犬逐步被遗忘。

⇧ 战斗中的反坦克犬

第4章

荣耀标识

——服饰与军衔

军服是军队的识别标志之一，也是国威、军威和军人仪表的象征。二战期间的苏联军服自成一格，它不强调款式上的装饰性，而以厚重和严肃为主要特征，这与苏联地域辽阔、冬季漫长的地理环境息息相关，也与其落后的轻纺工业有很大关系。本章以苏德战争为分水岭，对二战初期及二战中后期苏联红军的部分典型军服及服饰加以介绍。

4.1 服饰

4.1.1 早期型

4.1.1.1 步兵服装

苏德战争初期（1941 ～ 1942年），苏军步兵主要装备1935型军服。士官、士兵服装包含夏、冬两套，其中夏装上衣为小翻领、束袖、套头式短军便服，颜色为棕绿色，有两个胸袋，下摆无口袋；下身着马裤（也有称其为灯笼裤的），膝盖处经过特别加强，材质都是卡其布，颜色从黄棕色到深棕褐色（这些成为二战中苏联军装的主色调）；脚穿黑色长筒靴，或穿低腰皮鞋同时打绑腿；冬装为灰色粗呢大衣，但在1941年的冬天，由于后勤供应的混乱，很多红军战士还穿着黄褐色卡其布大衣，这些大衣后端有开叉，以方便活动。

⊕ 苏军步兵用1940型钢盔、莫辛－纳甘步枪等装备

⊕ 列兵用1935型大衣、SVT-40步枪以及其他装备

从1939年开始，除“基洛夫”软质大檐帽外，苏军还以卡其布或呢制的船形帽作为军便帽，士兵的船形帽为卡其色。直到1942年夏天，船形帽才基本上取代了大檐帽的地位。

另外，普通步兵腰间扎有可加挂肩带的皮制武装带；腰间或腰后挂有皮制枪弹盒、帆布制的手榴弹袋，以及水壶、刺刀、工兵锹等物；身上挎有盛装个人物品的杂物袋、干粮袋；背上背有皮制或帆布制的背包，内装军毯等物，钢盔系在背包上，有些背包还配有折叠起来的防水帆布，在宿营时充当帐篷或床垫，在没有背包的情况下，一般会把毯子卷成长条状斜背在肩上。

㊉中尉用1935型军帽、皮靴等套装

和欧洲一些国家一样，苏联军官的军服可以按统一款式自行找裁缝缝制，所以同一级别的军官军服可能面料和工艺不尽相同。军官军服上衣采用法国式样，故称为“法兰西式上衣”，特点是小翻领、单排5枚纽扣，有4个口袋，胸袋上有翻盖，有的左胸袋上方有佩戴勋、奖章而预留的扣子或若干小孔（部队发放的军服一般没有），右胸袋上方一般佩戴战伤标记，袖子上有军衔袖标，袖口和下摆有镶边，颜色为棕绿色。头戴大檐帽，帽瓦前方翘起一定角度，并有镶边，帽檐为塑料制，有皮制饰带。下身着深蓝色马裤，裤腿侧面有镶边。军官也有穿带束袖的套头式上衣和戴船形帽的，颜色都是棕绿色，领口和袖口有镶边。

㊉戴着“布琼尼”帽的苏军士兵

值得一提的是，卫国战争之初，著名的“布琼尼”帽仍在红军官兵中使用，它因苏联国内战争时期的骑兵英雄布琼尼元帅而得名，是红军最有特色的军帽之一。“布琼尼”帽在1936年进行过改进，但主要特征仍与以前的相同：以粗呢或棉布制成，有一个尖顶，两侧护耳可以放下御寒，并通过两个纽扣在下巴处固定，前额有一个呢子或布制成的较大的五角星，以其颜色来区分佩戴者的兵种，其上还有一枚带有镰刀和锤的金属“红星”小帽徽。

严寒地区的红军官兵还普遍使用一种光面羊皮短大衣，机械化部队中也有配发。这种大衣有军需工厂生产和民间自制两种，在领口和袖口处有翻毛，下

⊙侦察兵用1935型牧草帽、迷彩服、PPS冲锋枪等套装

摆设有两个很大的口袋，后期的可以佩戴肩章。1941年的冬天，正是那些穿着羊皮大衣从西伯利亚远道而来的苏军预备队，在莫斯科战役胜负的天平上投下了最具分量的砝码。

1940年，将官大檐帽上开始用圆形帽徽代替“红星”帽徽，并有金属丝编织成的金黄色饰带，冬季军帽则改成了灰色羊羔皮制的哥萨克式高筒皮帽。同年，将官开始采用新式白色夏季常服，冬季新式大衣则是大翻领、双排12枚纽扣式样，袖子上同样带有由金线和红线绣成的角线和五角星组成的军衔袖章。一种新式的带护耳的冬帽也同时配发部队，样式即是我们后来所熟悉的“三块瓦”，军官帽内衬灰色带毛羊皮，士兵帽则是兔毛或人造毛内衬。除了材料上的变化，这种冬帽样式一直沿用至今。

⊙戴着大檐帽的苏军军官

↑ 身穿战斗服的苏军机枪手

↑ 苏联化学人员大檐帽

↑ 苏联工程师大檐帽

↑ 苏联步兵将军大檐帽

↑ 苏联陆军军官帽

↑ 苏联“布琼尼”帽

⊕ 斯大林（右）、罗斯福（中）、丘吉尔（左）在一次会议上的合影，他们的服装各具特色

4.1.1.2 坦克兵服装

⊕ 身穿坦克服的苏军坦克兵

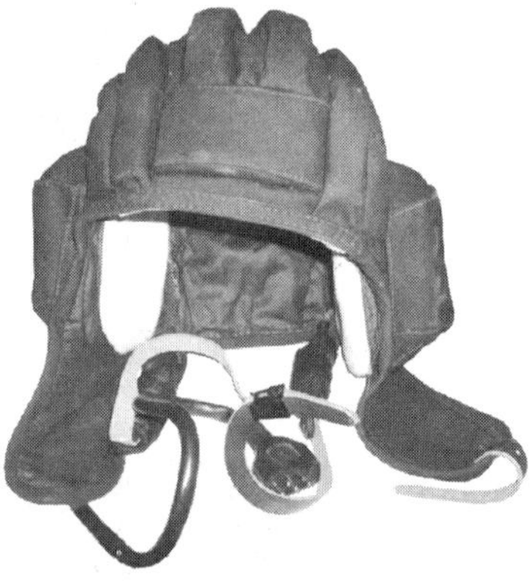

⊕ 苏军坦克兵帽

开战之初，苏军坦克兵的冬服还是一战时的老款式。皮制坦克帽是以一战德国飞行员的飞行帽为基础改进的，带有可分离的风镜；皮制上衣则是由沙俄军队装备的法式皮风衣发展而来的，为翻领式、双排纽扣，领尖处有军大衣式的黑底红边领章，并有黄色坦克图案的军兵种标志，扎有武装带，其上佩戴手枪；下身为直筒裤、长筒皮靴，裤脚扎在靴内，目的是防止坦克底板上堆积的炽热弹壳烫伤腿部。1942年前后，上衣和坦克帽逐渐改为帆布制作。坦克帽有黑色和灰色两种颜色，冬帽内衬羊毛。坦克手的连体式工作服也是帆布制的，套在军服的外面，有灰色和卡其色两种，衣服上没有任何标识。这种工作服的舒适性较差，在炎热的夏季，坦克手们只能在工作服里面穿一条短裤。

Ⓐ 苏军坦克与其乘员

Ⓐ 苏军坦克兵

4.1.1.3 航空兵服装

在苏德战争爆发前，1935型军服中有专为航空兵设计的一套包括大衣、飞行服、长裤及船形帽、大檐帽和飞行帽的军服，均为深蓝色，并有天蓝色镶边。但战争打响后，这套军服被取消了，所以空军人员多数穿陆军军服，但佩戴空军兵种标志。

Ⓐ 苏军女飞行员

Ⓐ 空军指挥官服装

在卫国战争的第一年，航空兵仍在使用苏芬战争时期的飞行服。为抵挡高空的严寒，皮制飞行头盔和帆布飞行服都有带软毛的羊皮衬里，在膝盖上方设计有两个口袋，手套和皮靴也是上等羊皮制成的，衬有羊毛，同时设计有束带以防止脱落，腰间皮带左侧一般挂有地图包，右侧佩带手枪。在冬季，空军军官还配发有翻领式皮大衣，领口带有很大的菱形蓝底黄边领章，左袖上带有由飞翼、螺旋桨和短剑组成的空军军种标记。这些服装在1942年装有全封闭座舱的新一代战斗机装备部队后，仍在继续使用。

4.1.1.4 海军服装

苏联海军战斗服

苏联海军在苏德战争初期相对弱小，大部分军舰都被封堵在港口内。但这并不意味着海军官兵在抵抗侵略的战斗中没有作为。1920～1930年期间重新建立的苏联海军陆战队就是一支相当有战斗力的部队。从1941年9月开始，黑海舰队海军陆战队就为保卫塞瓦斯托波尔而展开了为期10个月的血战，这一战使得苏联海军陆战队一举成名。同时，陆战队还参加了保卫莫斯科、斯大林格勒的战斗，建立了卓越的功勋。海军的其他官兵则在被包围的舰艇自沉后，加入到步兵和炮兵的行列中，成为二战中苏联特有的海军步兵。他们虽然作为陆军投入战斗，但仍穿着海军军服，典型的服装便是无领套头式水兵服，颜色为黑色或深蓝色；下着黑色散脚裤，其特点是腰部两边开口、裤脚口宽大，以方便落水后脱下；脚穿长筒靴或短皮鞋、不打绑腿；头戴无檐水兵帽，帽圈上有所属舰队的名称；贴身穿着称为“海魂衫”——蓝白相间的针织水手衫，它作为水手或海员的标志，许多前海军官兵在集团军整编，分配到其他军兵种后仍然穿着这种水手衫。

在陆地作战的苏联海军队员

4.1.1.5 骑兵服装

虽然二战中机械化部队成为主流，但骑兵在苏联特殊的地理环境下还是发挥了一定的作用。骑兵1935型军服与其他部队大体相同，上身穿卡其色套头服，下身穿蓝色马裤和长筒靴，大檐帽帽墙为黑色，领章为蓝底黑边，缀有马蹄铁和交叉短剑组成的兵种符号。从1936年起，苏联重新恢复了哥萨克骑兵的编制，使其成为骑兵中最有战斗力的一支。

二战苏军骑兵装束

哥萨克骑兵军服最具特色的地方是传统的哥萨克皮帽和黑色大斗篷。哥萨克帽由黑色羊毛制筒形帽墙和绒制圆帽顶构成，前面缀有帽徽。从帽顶和十字线的颜色及线条样式，可以区分出是来自哪个地区的哥萨克。

同样是军官帽，来自塔拉克的帽顶为蓝色、双股十字白线；来自库班的帽顶为红色、双股十字白线；而顿河地区的哥萨克骑兵军服帽顶虽然同样是红色，但十字线是单股白线。骑兵斗篷为黑色呢料制成，御寒十分有效，肩后有支撑，前襟处一般有黄色或红色锁边。哥萨克骑兵军服的另一个标志与将军服的裤子相类似，就是在马裤中线处缀有红条。骑兵一般使用步骑枪和冲锋枪，并有相应的弹药携行具，至于骑兵的重要装备——马刀，一般悬挂在身体左侧。

战地中的哥萨克骑兵

哥萨克骑兵

4.1.2 其他装具

4.1.2.1 钢盔

二战前，苏军装备的是法国1916式亚德里安型头盔，这是法军在一战期间使用的一种头盔，其特点是顶部有一道明显的突起，下边缘较平。二战初期，苏联使用的头盔主要是1936式钢盔，它是在战前设计定型的，是1916式和一战瑞士头盔的结合体，特点是顶部仍有突起，但下边缘向外突起较大，有明显的护耳；此外，钢盔前面漆有很大的红色空心五角星，有的中间缀有金属帽徽。战争爆发后生产的1936式钢盔统统漆成橄榄绿色，红五角星标记也被取消。

1916式亚德里安型头盔

之后，因各方面原因，苏联又设计了一款头盔——1940式钢盔，它与德军M35、美军M1齐名，是二战著名头盔。该盔顶部为光滑的圆形，护耳部分不如1936式明显，但防弹性能有所提高，是战争中后期使用的主要钢盔。1940式钢盔外涂橄榄绿色，其中一部分漆有红星标记。

佩戴1940式钢盔的苏军士兵

4.1.2.2 皮靴和皮鞋

皮靴

苏军采用的靴、鞋有很多种类，既有军需工厂成批生产的统一制式产品，也有个人采购的手工制品。一般情况下，保暖和防水性能更好的皮靴更受欢迎，而低帮皮鞋则较少使用。皮靴大多数为黑色和褐色，也有其他颜色。按靴筒长度不同分为短筒靴（长30.5厘米）和长筒靴（43.2厘米），材质大多以铬鞣的牛皮为主，军官皮靴则采用牛犊皮与羊皮。军官皮靴一般都是全皮的，军士与士兵的多是半皮，即下半部为皮制，上半部为漆布或人造革。皮靴的款式多种多样，最常见的有马靴、高加索皮靴等式样。鞋底主要有橡胶底与皮底两种。冬季一般采用内衬羊毛的翻毛长筒靴或毡靴，并且有外形与大号套鞋一样的用厚毡做成的靴套，保护脚部在零下30摄氏度的严寒中不至于被冻坏。战争初期，美、英等盟国曾根据协议向苏联运送了150万双皮靴和10500吨制靴用皮革，后期又陆续送去700万双各式军靴。

4.1.2.3 绑腿和裹脚布

绑腿是二战期间大部分国家军队仍在普遍使用的装具，当时机械化程度并不算高的苏联也不例外。绑腿不仅可以减少裤脚被灌木等羁绊或扯破的可能性，还可以减轻徒步行军时小腿部的肿胀，在特殊情况下还可以当绷带或绳索使用。苏联所使用的绑腿比其他国家的宽一些，材质有呢子和布料，多数都是利用裁剪军服的边角料加工而成的。

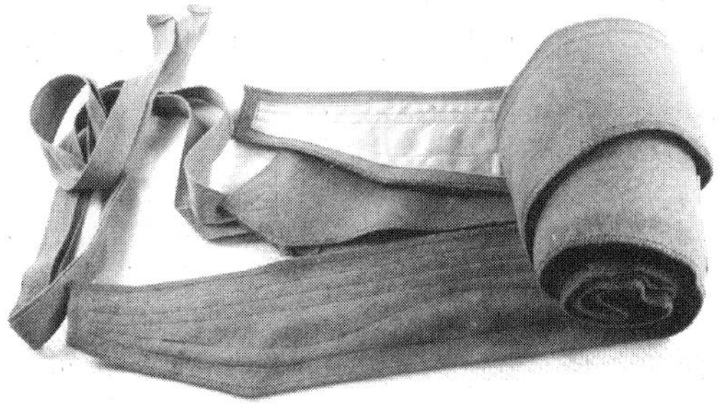

绑腿

使用裹脚布也是苏联人所独有的习惯。裹脚布实际上就是一块略呈方形的棉布或绒布，按照一定的方法裹在脚上，再套上皮靴，据说比袜子更保暖，并且长途行军不会磨脚。值得说明的是，裹脚布在当时是作为一种军需品凭被服证发放的，并有夏季和冬季用之分，可见苏联人对它的重视程度。当然，苏军的后勤工厂中也提供各种各样的羊毛袜和线袜，官兵们依个人喜好而自行选择使用。

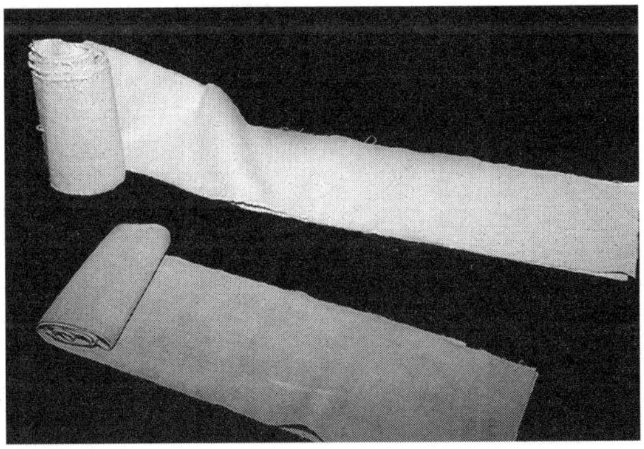

裹脚布

4.2 军衔标志

苏联的军衔体系被称为东方型军衔，与美国军衔的西方型军衔及日本军衔的东亚型军衔相对应，随着1991年12月25日苏联解体，沿用了56年的苏联军衔被俄罗斯等前加盟共和国不同程度地继承下来。

二战期间，苏联军衔是通过肩章体现的，第一批下发的肩章是布料制作，质地精良，后期则是卡其布制作的。肩章底板、镶边的颜色和宽窄，以及肩章上纵横纹杠的条数、宽窄和颜色都根据军兵种不同和军衔高低而互有区别，军法医、军医等少数勤务兵种采用只有普通肩章2/3宽的窄肩章。普通肩章一头为尖头，而将官肩章一头为等腰梯形。在尖头或梯形一端一般缀有军兵种标记，但在前线，因为保密或其他原因，军官们往往会将肩章上的军兵种标记取下。由于军衔、肩章机制过于复杂，所以本部分只做粗略介绍。

↑苏联大元帅肩章

类　型	苏联陆军、空军	苏联海军
大元帅	苏联大元帅	—
高级军官	苏联元帅	苏联海军元帅
	军兵种主帅	—
	大将/军兵种元帅	海军元帅
	上将	海军上将
	中将	海军中将
	少将	海军少将
校官	上校	海军上校
	中校	海军中校
	少校	海军少校
尉官	大尉	海军大尉
	上尉	海军上尉
	中尉	海军中尉
	少尉	海军少尉
准尉	高级准尉	海军高级准尉
	准尉	海军准尉
军士	大士	海军大士
	上士	海军上士
	中士	海军中士
	下士	海军下士
兵	上等兵	上等水兵
	列兵	水兵

4.2.1 高级军官肩章

⊙苏联元帅

⊙苏联海军元帅

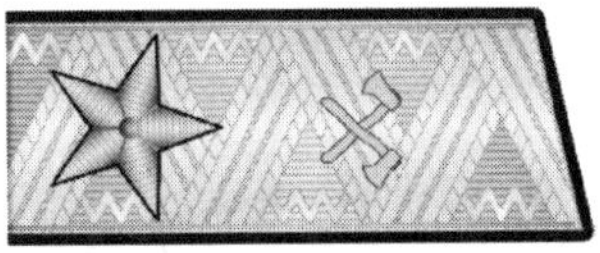

⊙工程兵主帅

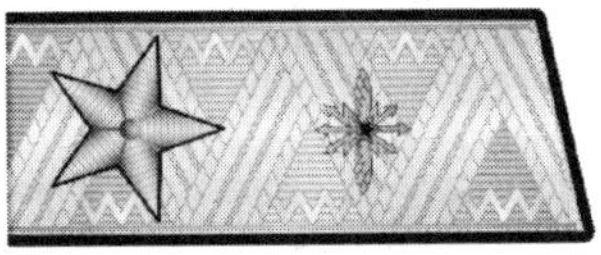

⊙通信兵主帅

⊙装甲兵主帅

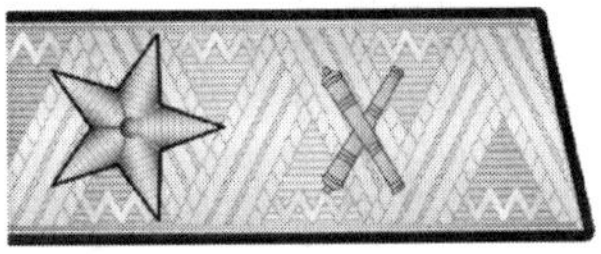

⊙炮兵主帅

⊙空军主帅

⊙工程兵元帅

⊙通信兵元帅

⊙装甲兵元帅

⊙炮兵元帅

⊙空军元帅

陆军大将

海军元帅

陆军上将

海军上将

空军上将

陆军中将

海军中将

空军中将

陆军少将

海军少将

空军少将

4.2.2 校官肩章

陆军上校

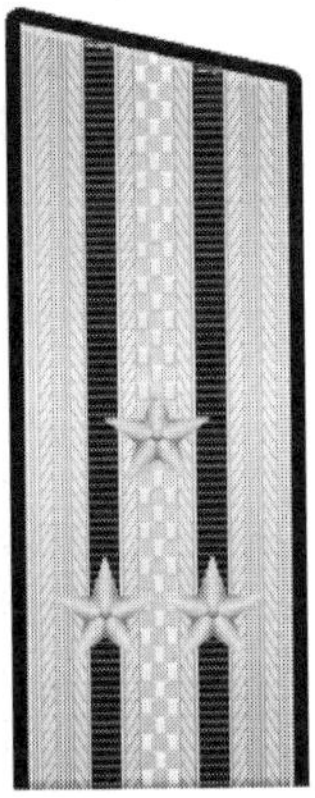

海军上校

空军上校

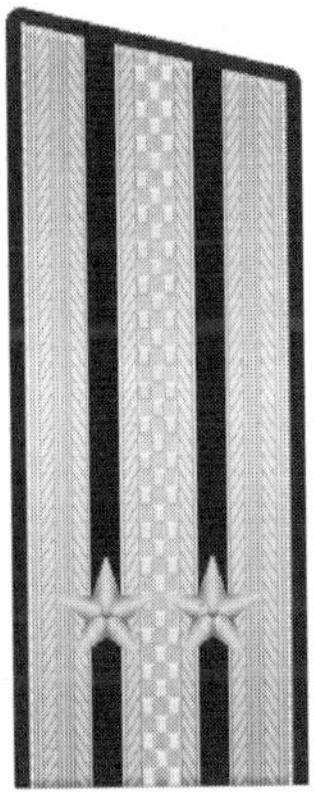

陆军中校

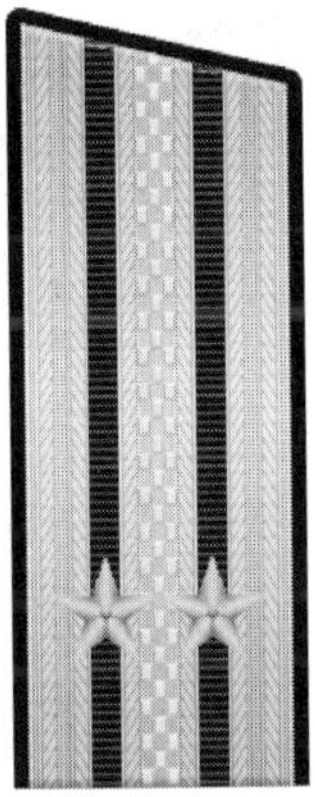

海军中校

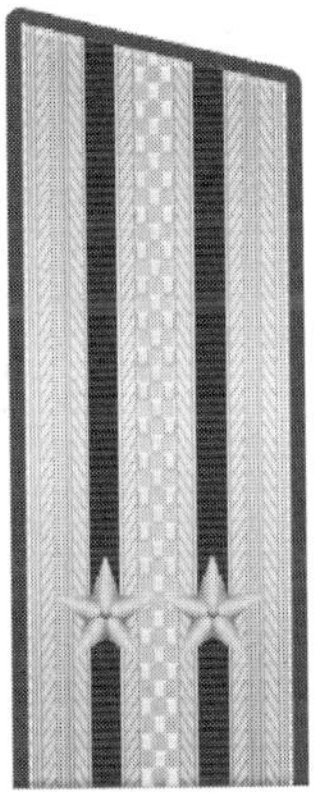

空军中校

陆军少校

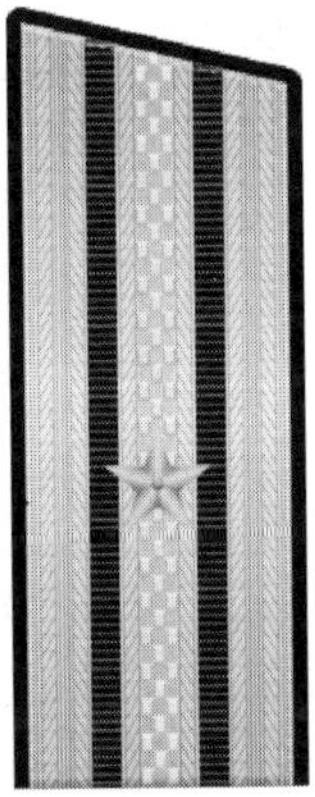

海军少校

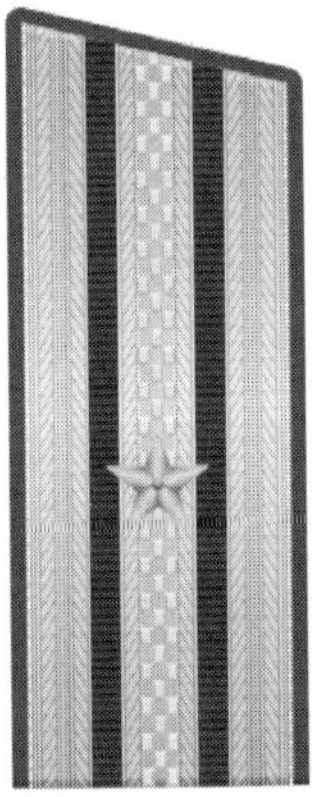

空军少校

4.2.3 尉官肩章

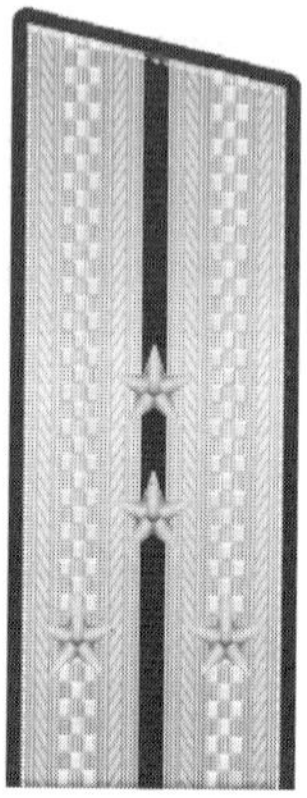

陆军大尉

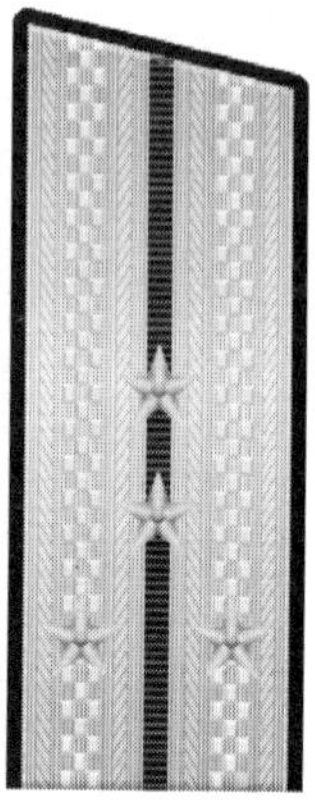

海军大尉

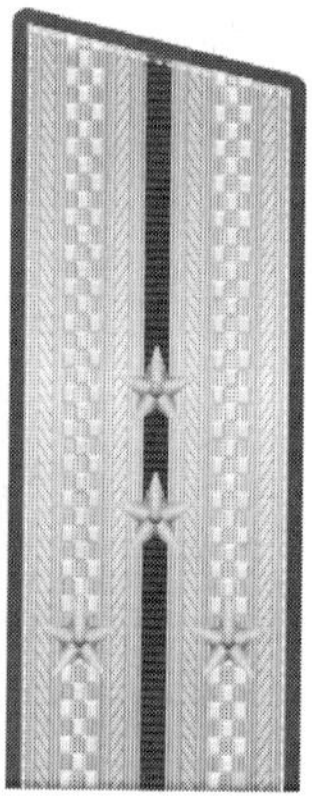

空军大尉

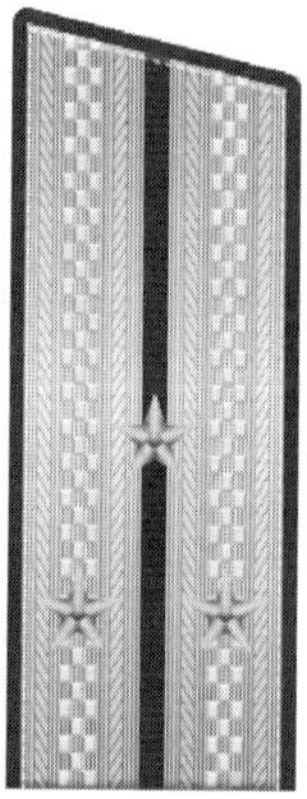

陆军上尉

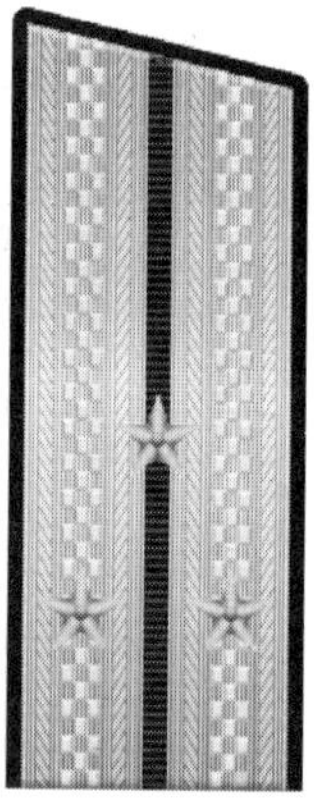

海军上尉

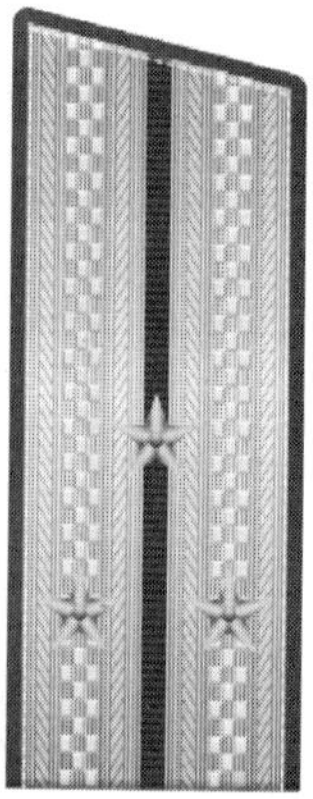

空军上尉

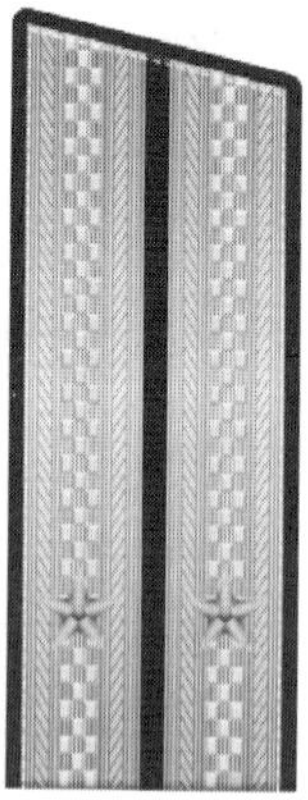

陆军中尉

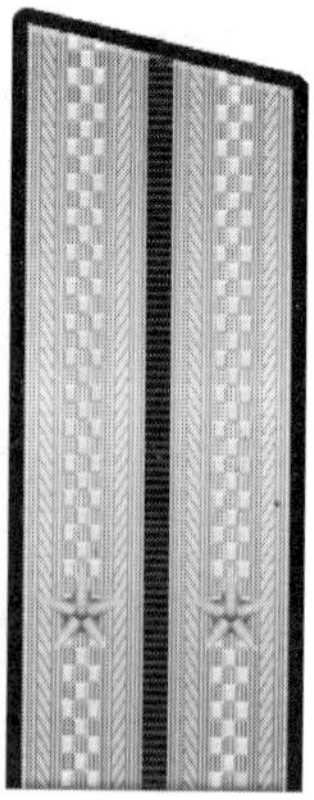

海军中尉

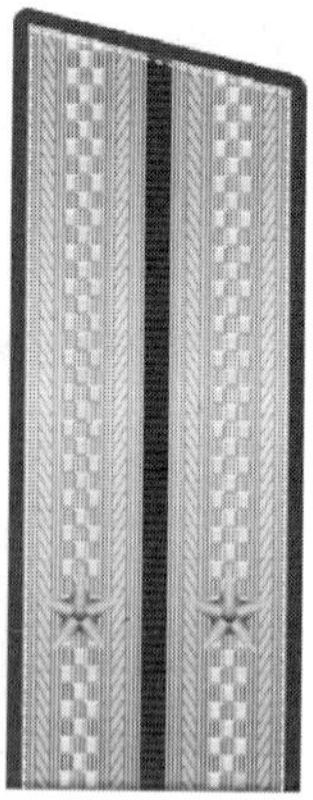

空军中尉

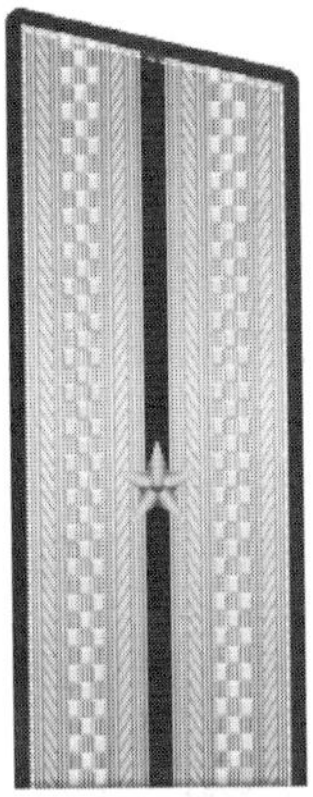

陆军少尉

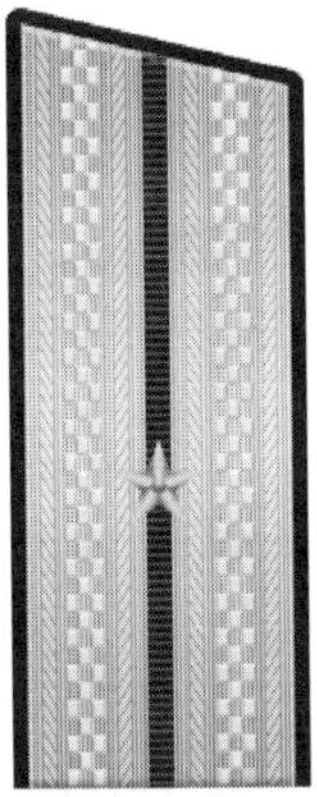

海军少尉

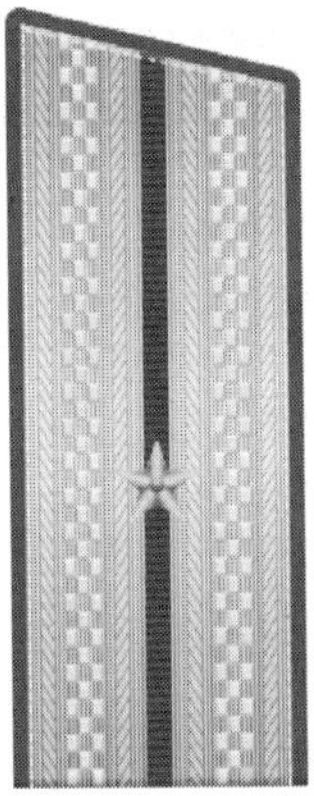

空军少尉

4.2.4 准尉肩章

陆军高级准尉

海军高级准尉

空军高级准尉

陆军准尉

海军准尉

空军准尉

4.2.5 军士肩章

陆军大士

海军大士

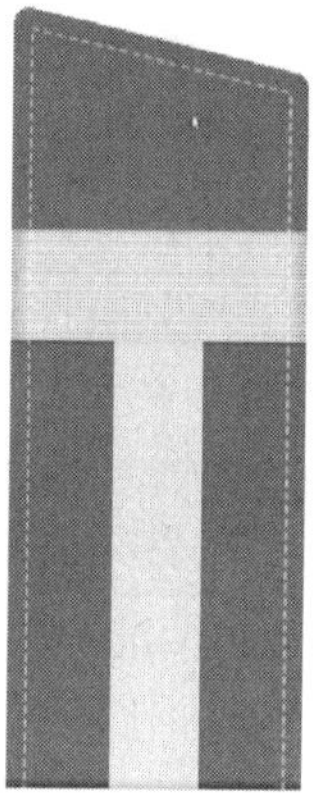
空军大士

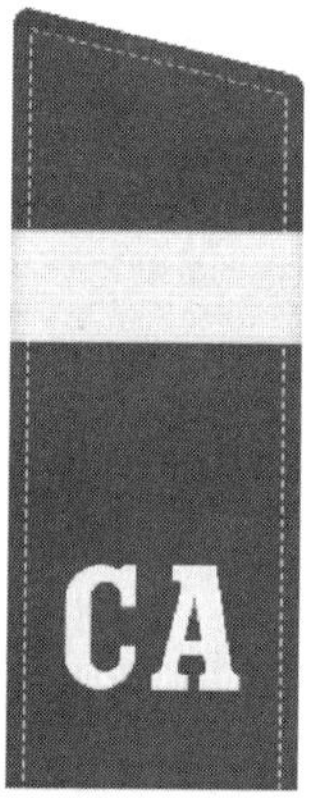

陆军上士

海军上士

空军上士

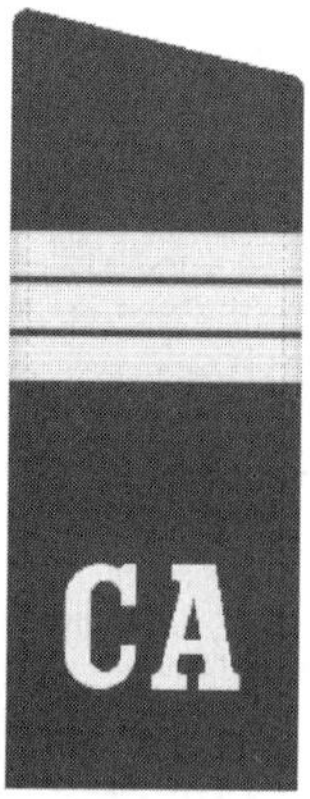

陆军中士

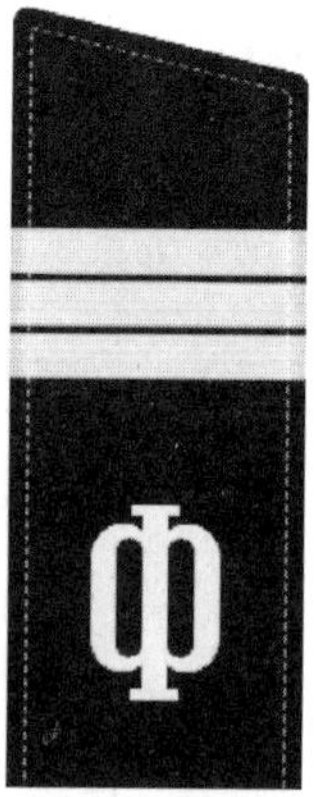

海军中士

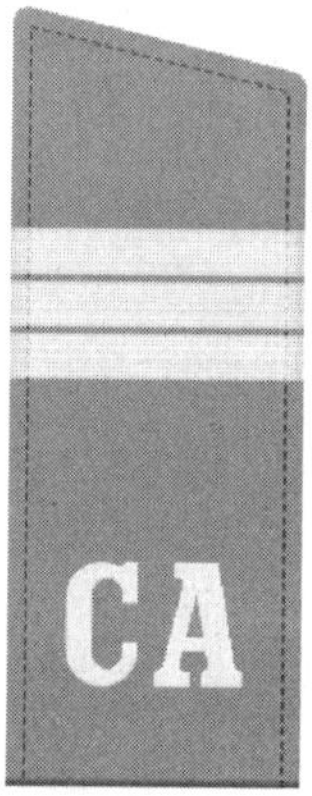

空军中士

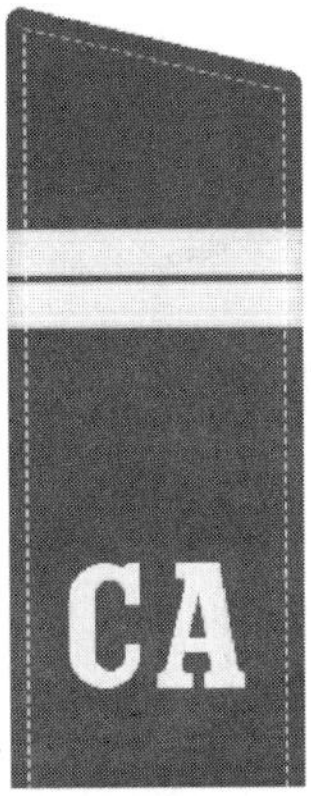

陆军下士

海军下士

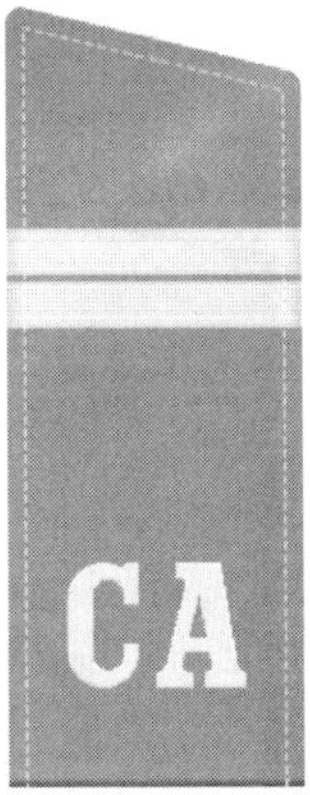

空军下士

4.2.6 兵肩章

陆军上等兵

海军上等水兵

空军上等兵

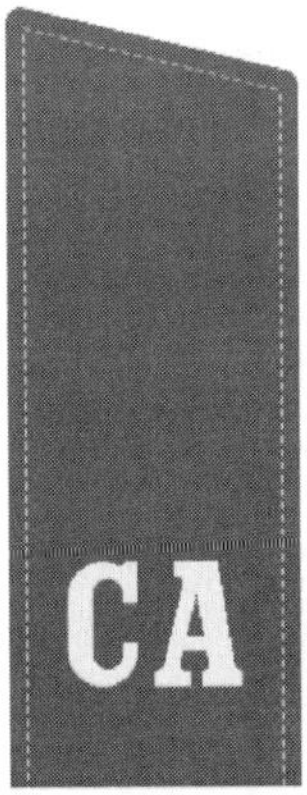

陆军列兵

海军水兵

空军列兵

第5章

兵之王者

——狙击手

说到暗杀，相信不少人会第一时间想起一个名词——狙击手。十字线后清冷的目光如刀锋般冰寒凌厉。瞬间的软弱、刹那的同情、闪逝的迟疑都可能使自己的眉心成为对手的靶心。场场是你死我活的争斗，枪枪是生命与生命的较量。战争要求他们面对死亡不动声色，即使瞄准镜后对手的脑浆飞溅，即使战友甚至亲人在身边倒下。

5.1 来自二战苏军的传奇

据统计，二战时每杀死一名士兵平均需要2.5万发子弹，然而同时期的一名狙击手平均只需1.3发。事实上，在二战中有很多国家和军队都没有充分认识到狙击手的价值和应该怎样使用他们，很多受过良好训练的狙击手都只被当成一个神枪手而浪费了，这种情况几乎在任何一个国家的军队中都存在。

在雪地中作战的苏军狙击小组

5.1.1 蛰伏的艺术

衡量一个狙击手的成功之处不在于他射杀了多少人，而在于他能对敌人造成如何的影响。例如：狙击手如果能击毙敌军军官，那么他们的进攻肯定就会停止。简单地说，狙击手最重要的作用不是杀人而是阻滞攻方的推进，一个狙击手就可以有效控制相当大的一个区域。

二战期间，苏联军事领袖与战争理论学家们认为，战斗时要更换一个有经验的士官或战场军官是非常困难的，因此可以利用狙击手远距离消灭目标，特别是敌军首领。虽然狙击步枪相对于更便宜的冲锋步枪来说更

丛林作战的苏军狙击小组

苏军女狙击手

⇧在野外执行监视任务的苏军女狙击手

贵且不耐用，但是如果搭配了优秀的人员，良好的训练与好的军事原则，它们之间的成本就相差无几了。在二战中，苏联利用狙击手最成功的时候是在防守战阶段（1941 ～ 1943年），因为此时作为防守方，他们的狙击手可以利用这一优势对德军的狙击手造成强大的威胁。

值得注意的是，俄国军队在一战时期就有神枪手的战斗条令，不过这些神枪手只是装备标准的步兵步枪并充当侦察兵或观察小组。在总结了一战的经验后，苏军制订了狙击手发展计划，这个计划的目的是要培养专业的狙击手，在战斗中扰乱敌军战线的沟通，射杀敌军的指挥人员，压制敌军的支援火力，阻缓支援部队的进攻行动。为此，在20世纪30年代初期，苏军就已经开始制订完善的狙击手训练计划（不过由于各方面的原因，当时并没有给予最大力度的重视）。所以，早在德国1941年入侵前，苏军就已经有大批狙击手和狙击步枪，这与其他二战参战国有很大的不同，因为其他国家都是战争开始后才开始重视狙击手的作用。

⇧教官在训练狙击手

⇧由女兵组成的狙击小组

5.1.2 回顾苏德战场

二战中，苏军充分认识到狙击手的战术价值并加以推广。在斯大林格勒战役中，苏军狙击手使德军部队产生了很大的恐惧心理，对于打击德军的士气起到了重要的作用。值得一提的是，与其他国家的军队要求不同，苏联对狙击手没有性别限制，截至1943年，苏联军队中有超过2000名女狙击手在服役。

早在1924年，苏军就建立了一系列射击学校，通过开展射击运动，向青少年教授射击技巧。其中的佼佼者被选送到地区乃至全国性的射击学校，最优秀的毕业生被授予“狙击教员”称号。所以二战爆发之际，苏军拥有大量合格的狙击手。

一名苏军狙击手女教师

正在接受训练的女狙击手

在战斗中获得荣耀的女狙击手合影

苏联训练场地中的狙击手

⊕ 为部队采集、提供情报的苏军狙击手

二战中苏军狙击手数量大涨的另一个原因是步兵武器和战术的改变。德国的MP38和MP40冲锋枪极大地加强了战场上的步兵近战火力密度，为能与其对抗，苏军立即向步兵大量装备PPS等冲锋枪，回敬以同等的火力密度。但是像所有冲锋枪一样，PPS等射程远远不及原先的制式步枪，而且射击精准度在100米外就更是一塌糊涂。步兵冲锋时，机枪和冲锋枪火力可以压制近距离的敌人，但对付战场上400～1000米的敌人，就要靠狙击手了。这是苏联大量在一线作战部队中部署狙击手的重要原因之一。

一战结束后，许多国家包括德国在内都忽略了对狙击手的培养，导致二战开始后，德军多次被苏联狙击手所牵制，这使德国认识到狙击手的重要性，后来才恢复狙击手的培养。虽然德军对狙击手的培养起步较晚，但由于当时德军高层对其极为重视，以至于德军的狙击手发展十分迅速。二战中的德国狙击手并非是单独行动的，而是以小组形式在连长、排长或班长的指挥下对远距离上的重要目标实施精确打击，并为现场指挥官提供及时的战场情况报告。狙击手恰当地扰乱敌军的运动、侦察和渗透，使得敌军士兵产生心理恐惧，由此引起混乱并降低其士气，从而影响到敌人的战斗决心和作战行动。

⊕ 战斗中的苏军狙击手

5.2 让子弹飞——大话M91-30狙击步枪

5.2.1 顺势而生——莫辛-纳甘的演变

苏联建国后，最开始对狙击也并不怎么热衷，主要力量都集中在机械化方面。不过，这一局面在冬季战争中发生扭转。当时芬兰民族英雄“白色死神”西蒙·海耶，其凭借手中的精准步枪对苏联士兵给予致命狙击，导致苏军死伤惨重。这之后，苏联才开始重视起狙击。

西蒙·海耶

在二战期间，苏联也仿效芬兰的策略，招募各地的职业猎人作为狙击手的骨干，使用加上瞄准镜的莫辛-纳甘M91-30步枪作为狙击枪之用。当时，苏联狙击手跟德军的狙击手分庭抗礼，毫不逊色。不过真正优秀的狙击手只占少数，大部分狙击手跟其他苏军士兵一样，只受过很短时间的训练，充其量不过是射击较佳的步兵罢了。

苏军狙击手与M91-30狙击步枪

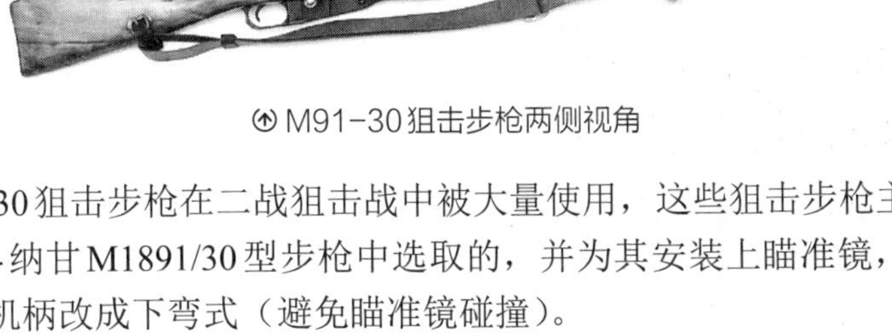

M91-30狙击步枪两侧视角

M91-30狙击步枪在二战狙击战中被大量使用，这些狙击步枪主要是从量产的莫辛-纳甘M1891/30型步枪中选取的，并为其安装上瞄准镜，同时把原来的直拉机柄改成下弯式（避免瞄准镜碰撞）。

知识链接

当时由于战争资源的贫乏，苏军鼓励士兵们都要向狙击手学习——用最少的资源去杀死最多的敌人。为了推广狙击手运动，苏联的宣传部门大肆宣传一名苏联狙击手瓦西里·扎伊采夫和德军狙击手埃文·科宁少校在斯大林格勒展开的一场生死决战的故事（后文有详细叙述），这个故事被一位美国作家威廉·克雷格（William Craig）写进了一本名为《兵临城下——斯大林格勒战役》的书中，并在2001年被改编成电影《兵临城下》。

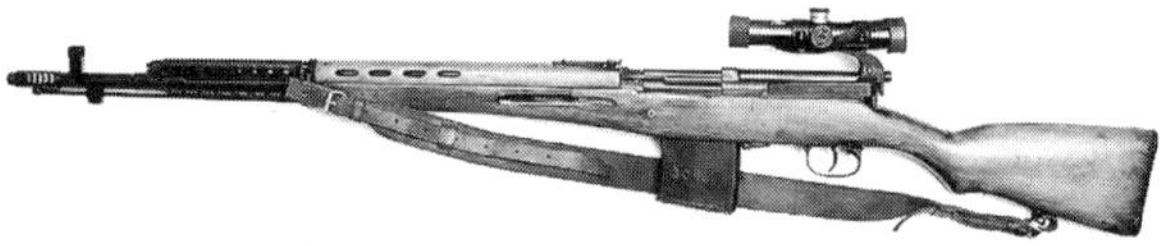

SVT-40狙击步枪

值得注意的是，莫辛-纳甘M1891/30 步枪在20世纪30年代成为苏军制式步枪后，托卡列夫研制了更现代化的SVT-38和SVT-40步枪，这两种步枪是半自动的，发射与莫辛-纳甘M1891/30相同的弹药，而且还配备了PU型光学瞄准镜，因此它们有望成为苏军狙击手标配。但在德国入侵初期，苏军丢失了大量的步枪，导致苏军一方面急需大量步枪，另一方面SVT步枪在可靠性方面不能令人满意，于是苏军决定停产后者，全力生产莫辛-纳甘M1891/30步枪。同时，由于原本为SVT步枪研制的PU瞄准镜因为容易生产，也被安装在之后的M91-30狙击步枪上。这些都确立了M91-30狙击步枪在二战中的重要地位。

使用SVT-40狙击步枪的苏军狙击手

5.2.2 致命锁定——狙击枪瞄准镜

在刚开展狙击手计划之初，由于国内没有合适的瞄准镜，苏军通过军事合作接收了纳粹政权提供的蔡司Dialythan瞄准镜，将其安装在“龙骑兵”步枪（莫辛-纳甘1891型短枪管版）上。苏联使用的第一种狙击步枪瞄准镜是4倍的PE瞄准镜，它是蔡司Dialythan瞄准镜的改进版。PE瞄准镜可调高低、风偏和焦距，镜架系统安装在六角形机匣顶部对正枪膛中线的位置上，但这种中线型镜架不适用于圆形机匣，所以在1938年后的镜架改为安装在机匣左侧的形式，此外，侧式镜架系统也便于装填和使用机械瞄具。

在废墟中狙杀敌军的苏军

由于PE瞄准镜的生产较为复杂，而且苏联的生产水平有限，导致PE瞄准镜的密封性能差，因此取消了PE瞄准镜的调焦环，以简化生产工序和改善镜体的密封性能。这种新的瞄准镜被命名为PEM瞄准镜。安装了PEM瞄准镜的莫辛-纳甘M91-30步枪大概是在1937～1939年间开始服役的。值得注意的是，PE/PEM系列狙击步枪是苏军狙击手计划的开端，而且产量极大，即使在PU瞄准镜被广泛采用后，仍然有许多PE/PEM狙击步枪一直使用到20世纪60年代。

安装了PU瞄准镜（具体性能前文已阐述，此处不赘述）的M91-30狙击步枪出厂时已经归零，在部队里维护时由军械士兵归零，禁止普通士兵擅自从步枪上拆卸瞄准镜或擅自归零。所有的M91-30狙击步枪都配有一条粗糙的枪衣，并有一个瞄准镜的套子和一对皮制镜头护盖。

《兵临城下》海报

第一批M91-30狙击步枪（安装的PU瞄准镜）在1942年底由图拉和伊热夫斯克一并首次生产，大多数的M91-30 PU型狙击步枪是在1942～1944年生产。据不完全统计，伊热夫斯克兵工厂在1942年生产了53195支M91-30 PU型狙击步枪；而图拉兵工厂的数量也不少，但不清楚具体的数字。

知识链接

在2001年的电影《兵临城下》的推波助澜下，许多枪支收藏家都想买一把M91-30 PU狙击步枪，但现存的数量稀少，因此导致市场上出现有用其他的莫辛-纳甘枪型加上瞄准镜后组装的赝品。

5.2.3 战斗缺陷

M91-30狙击步枪的设计缺陷在于：重量大，瞄准镜的倍数小，以及只适合600米内的狙杀。此外，因为瞄准具重叠地安装在机匣盖的后方，挡住了弹夹插口，致使狙击步枪不能装入普通的五发弹夹，只能一次装一发子弹。这样就大大地降低了战斗效率。

5.2.4 强劲对手

二战期间，德军狙击手使用的武器通常是毛瑟K98。该枪口径为7.92毫米，弹容量5发，配备光学瞄准镜，有效射程1500米。该枪因射程远，精度高而颇受德军狙击手欢迎，战争期间，共有129468把毛瑟K98狙击枪装备部队。不过，毛瑟K98也有个大缺点，那就是必须在开火后拉动枪机完成抛壳、上膛动作。而在四周一片寂静的时候，拉枪机时的“喀啦”声经常使德军狙击手暴露目标，成为敌方的靶子。

毛瑟K98狙击步枪

战地中的德军狙击手在维护毛瑟K98狙击步枪

5.3 悄无声息的蛰伏

狙击手，这个独特的名称所带给人们的是一种冷酷而又浪漫的联想。人们把他们称作战场上的幽灵，无声无息地杀人于无形。没有人敢否认他们的存在，却也没有人知道他们藏身何处。为最大限度地还原二战苏军狙击风采，下面选取一男一女两名苏联顶尖狙击手，对他们进行较为详细的介绍。

5.3.1 瓦希里·扎伊采夫

5.3.1.1 人物简介

瓦希里·扎伊采夫是二战时期苏联著名狙击手，他在1942年斯大林格勒战役中，于11月10日至12月17日之间共击杀225名轴心国的士兵与军官（包括11名狙击手），因此一战成名。

⊕瓦希里·扎伊采夫

知识链接

电影《兵临城下》中男主角的原型就是瓦希里·扎伊采夫。

瓦希里出生于耶勒宁斯科耶（又称为亚列宁斯科亚），在乌拉尔山脉脚下长大。在前往斯大林格勒前，瓦希里服役于苏联海军，担任岸勤人员。一次偶然的机会，他从报刊杂志得知斯大林格勒战役非常惨烈，于是他自愿申请加入这一场有史以来最残酷的会战。瓦希里被分派到苏联陆军第62军第284步兵师第1047团。在某次区域战役中，他用普通莫辛-纳甘步枪一枪击杀了800米外的一名德军重要指挥官，因此他获得了英勇勋章和一挺狙击型莫辛-纳甘步枪。瓦希里弹无虚发的射击绝活引起了团长梅捷廖夫

⊕瓦希里·扎伊采夫军装照

↑瓦希里·扎伊采夫晚年

中校的注意，他亲自授予瓦希里一支带瞄准镜的狙击手步枪，并要他挑选10来个战士组成狙击手小组，专门负责射杀单独或零星出没的德军。瓦希里一行人经常在德军的伙房、厕所附近打埋伏，有时也潜伏到德军阵地前，专打德军炮兵的观察仪、坦克的瞭望镜和德军军官，有时一天能消灭几十名敌人。

瓦希里服役至1943年，因为眼睛被地雷炸伤而退役。恢复后瓦希里重返战场，并且参加德涅斯特河战役，当时已经官任上尉了。二战期间，瓦希里共击毙德军242名，由他培训的狙击手共毙敌约1万名。战后他被提升为陆军少将。

5.3.1.2 战场掠影

论狙杀人数，瓦希里的战绩不超过250人，而二战中狙杀敌人300名以上的狙击手在苏军中就有数十人。之所以在军事史学家眼中声誉最高，是因为瓦希里战胜了德军最著名的狙击手。

1942年秋，以瓦希里为首的苏军狙击兵们在斯大林格勒防御战中大显神威，令德军吃足了苦头。希特勒的将军们决定拔掉这颗钉子，随后派出了德军的王牌狙击手——艾文·科尼希上校。从柏林飞抵前线后不久，科尼希率先开始行动，打死了两名苏军知名狙击手（每个都是一发命中），他以行动宣告这是决斗的挑战书。

接下来，双方都在为这场决战进行准备。这期间，瓦希里研究了从马马耶夫高地到“红十月”工厂这一段前线，标下了所有的地形、地物，因为他清楚，科尼希就躲在这段前线的其中一处。

紧张的对峙已经持续了两天。第三天，从早晨起，狙击手们伏身掩体，眼不离光学瞄准镜，不间断地监视着前方发生的一切。太阳升起后，瓦希里狙击小组成员达尼洛夫好像忽然看见了什么，他兴奋地跪起身来喊：“他在那儿！”话音未落，科尼希迅速做出反应，

↑决战之地上的德军士兵

一枪击中正在做手势的达尼洛夫的肩膀。科尼希没有打达尼洛夫的头部，他希望瓦希里去救助受伤的战友，从而暴露自己。达尼洛夫尖叫着倒在地上，而瓦希里纹丝未动，因为他知道科尼希是在引诱自己。

⊕ 在战地为瓦希里收集情报的苏军士兵

瓦希里拿起望远镜观察，一块斜支在墙角的钢板引起他的注意。钢板上乱放着一些碎砖头，它位于德军防线的前方。站在敌人的角度考虑，狙击点设在哪里最好呢？瓦希里默默地思索着，他心中突然一惊：对，科尼希就在那块钢板下，钢板下就是科尼希绝妙的巢穴。为了证明自己是对的，瓦希里把一只手套套在一块木板上举过头顶。科尼希并不知这是计谋，一枪将其击穿。瓦希里心中暗喜：科尼希终于上钩了。瓦希里察看了被击穿的手套：不偏不斜，直接命中。这就是说子弹来自正前方，德军的王牌狙击手科尼希就藏在钢板之下。现在，瓦希里最后的问题就是如何引出这个老奸巨猾的科尼希。

经过深思熟虑，瓦希里决定采用以假乱真的计谋来引出科尼希。次日清晨，瓦希里要求小组成员库利科夫故意把头盔露出来（仅仅是头盔，和前面的手套有异曲同工之妙），而瓦希里集中全部注意力瞄准钢板下的暗点。在看到头盔后，科尼希沉不住气了，也许他认为自己是王牌狙击手，不能被别人戏弄，或者他打算早点结束决斗，不管如何，他开枪了。随着一声枪响，库利科夫顺势将身子一挺，大叫一声倒下去。此刻科尼希有些忘形，从铁板下探出半个脑袋窥视。等待已久的时机到来了，瓦希里迅速扣动了扳机，这是他四天来射出的唯一一颗子弹。这颗子弹击中德国王牌狙击手科尼希的前额，穿过后脑勺和头盔飞出。

5.3.2 柳德米拉·帕夫里琴科

5.3.2.1 人物简介

正如前文所说，苏联对于狙击手并没有性别歧视，任何四肢健全、动作灵敏、头脑聪明的人都可以担任狙击手这一职务。柳德米拉·帕夫里琴科就是苏联女性狙击手之一，她以在二战期间击毙309名敌人而闻名。

1916年7月12日，柳德米拉出生在乌克兰白采尔科维的一个小村庄。在孩童时代，柳德米拉是一名学习勤奋、成绩优良的好学生，深受家长和老师的喜爱。上初中后，柳德米拉搬家到了基辅，在这里她常参加一家射击俱乐部的活动，并很快成为一名神枪手。

柳德米拉·帕夫里琴科

5.3.2.2 战场掠影

1941年，将近25岁的柳德米拉在基辅大学研读历史。同年6月22日，德国对苏联发动突然袭击（巴巴罗萨行动），苏德战争爆发。得知此消息后，柳德米拉报名参军，获选为步兵队成员，加入苏联红军第25步兵师。红军军官本来想让柳德米拉担任战地护士，但柳德米拉明确表示拒绝，因为她的目标是当一名出色的狙击手。通过对上级领导的说服，加上领导也看到了柳德米拉内心的坚定和精准的射击手法，最终同意她加入狙击组。自此，柳德米拉成为苏军2000名女性狙击手中的一员。

潜伏在沟壑中的柳德米拉·帕夫里琴科

1941年8月，苏军第25步兵师奉命保卫在巴亚耶夫卡附近的高地。在附近的一个村落，柳德米拉取得最初的战果，她使用一支带PU瞄准镜的莫辛-纳甘步枪击毙了两名敌军。

㊉ 树梢上的柳德米拉·帕夫里琴科

此后，柳德米拉随军在敖德萨作战，期间狙杀了187个德军士兵（柳德米拉在此战斗了8个月，德军攻占敖德萨之后，苏军撤往克里米亚的塞瓦斯托波尔）。1942年5月，柳德米拉狙杀257名德军士兵的战绩引起苏军的注意，并得到广泛宣传。次月，柳德米拉被迫击炮击伤。由于苏军对其高度重视，在其伤好之后，要求她立即退出前线部队。最终，柳德米拉在二战中毙敌军人数为309名，其中包括36名敌军狙击手。

㊉ 战斗中的柳德米拉·帕夫里琴科

退出前线之后，柳德米拉帮助苏军培养和训练狙击手，直至战争结束。二战结束后，柳德米拉完成了在基辅大学的学习，成为一名历史学者。1945～1953年间，她在苏联海军总部担任助理。1974年10月10日，帕夫里琴科在莫斯科病逝，享年58岁，埋葬在莫斯科新圣女公墓。

㊉ 柳德米拉·帕夫里琴科在美国学习

二战兵器
图鉴系列

参考文献
REFERENCES

[1] 叶皮凡 · 马卡列夫. 二战经典战役全纪录：突袭苏联[M]. 北京：京华出版社，2014.

[2] 阿尔乔姆、德拉布金.《看历史》之视觉二战影像志丛书：火线上的苏联大兵[M]. 北京：当代中国出版社，2014.

[3] 思不群. 二战全史大全集[M]. 北京：中国华侨出版社，2011.

[4] 哈斯丘. 对比与反差：二战经典武器[M]. 北京：机械工业出版社，2013.

[5] 王宏志. 二战风云[M]. 北京：中国华侨出版社，2013.